本来農業宣言

宇根豊・木内孝・田中進・大原興太郎ほか

コモンズ

プロローグ

もうひとつの農業から本来農業へ

私たち人間は自然の一部ですから、自然の法則に従うのは当然だと思います。しかし、私たちは自然の法則をはたして理解しているでしょうか。また、自然への畏敬という言葉はよく耳にしますが、具体的に何を意味しているのか、真剣に考えてきたでしょうか。

自然界では、すべての物質が循環しています。 自然は自ら処理できないものは作らず、ごみを出しません。 壊れても自ら修復します。私たちの身体の治癒力がよい見本です。 そして、自然は使い尽くしません。

自然は公平です。特権階級は存在しません。 自然は複雑な支え合いで成り立っています。一種類だけで存在し続けられる生物はありません。

自然とともにあるのが、農業をはじめとする第一次産業です。士農工商とは、実は名言ではないでしょうか。国の環境を守ることが最優先事項、ついで農業。工業も商業も、健康な農業が基盤です。

20世紀後半の日本は、工業化を実現しました。けれども、それは第一次産業を踏み台にしたものです。当時の日本人は、それがどんな結果を生み出すか考えませんでした。金儲けに血《ち》眼《まなこ》になり、自分たちの世代の幸福しか考えなかったのではないでしょうか。

かつて私は、いまは消滅したユーゴスラヴィアを訪ねたことがあります。「ユーゴのスイス」と言われた現在のスロヴェニア東部の小さな村を散策していたとき、電信柱の先端に鳥の巣を見つけました。その上を舞っていたのは４羽のコウノトリです。感心して眺めていると、通りかかった女性が言いました。

「あなたは日本人でしょう。きっとマネー・リッチにちがいありません。私たちはお金はありませんが、コウノトリが舞うこの田園風景を見てください。私たちはランド・リッチ、とても幸せです」

本来の農業は、私たちの食べ物を作り出すだけではありません。生態系や生物多様性の維持、洪水の制御、水質の浄化などの大切な役割を果たし、社会的・文化的なサービスを提供しています。ところが、貨幣が増殖し、人間の心を食い荒らす産業社会では、儲かるか儲からないかがすべての基準になってしまいました。

いまこそ、自然の、そして第一次産業の価値を根元的に見直そうではありませんか。国創りの力点を、自然の法則に則《のっと》った本来農業に定める。それが、失われた永続性ある日本を取り戻す第一歩です。

事実、農業に対する見方がいま、急速に変わりつつあります。若い世代を中心に、新たに農業を始める人たちが増えてきました。安心・安全・環境保全とビジネスの両立、有機農業の着実な発展、自らの生き方としての農の選択など、さまざまな動きが広がっています。

本書で紹介するのは、将来世代の可能性を脅かさない、地球と地域の未来に配慮した、農薬や化学肥料を基本的に使用しない農業です。これまでは、代替(オルタナティブ)農業と呼ばれてきました。しかし、それが長い歴史のほとんどで行われていた本来の農業です。

就農をめざす若い世代や、農を大切にして生きようとするすべての方々に向けて、私たちはこの本を創りました。中心の第1章を読むと、本来農業は面白く、生きがいがあり、十分にビジネスとしても成り立つことが、よくおわかりいただけるでしょう。第2章では、そうした農業を定着させ、農を大切にする日本に変えるための具体的な10の提言を行っています。そして、第3章では本来農業の考え方を理論的に整理し、第4章では日本の農業を見つめ直すために必要なデータを示しました。

これまでの常識は、これからの非常識です。本来農業が21世紀の常識になると信じて疑いません。

2009年8月31日

木内　孝

Contents

Contents

Contents

装幀・レイアウト●遠藤たかこ

第1章

農業って本当に
オモシロイ

第1章

1 誰もやらなかったことをやる

農業はクリエイティブでカッコいい

サラダボウル（山梨県中央市）

農業で幸せに生きる

農業はネガティブな話題にこと欠かない。マスメディアも農業の将来を悲観する内容か面白おかしい記事が多く、ブームのような取り扱いに終始している。しかし、あえて言いたい。

農業ほどポテンシャルが高く、可能性を秘めた産業はない。

私は「農業の新しいカタチを創りたい」という想いから2004年４月、農業生産法人㈱サラダボウルを設立した。約60aの遊休農地を借り、トマトの生産を開始したのが始まりだ。

自社の堆肥舎で堆肥づくり・有機肥料づくりから手がけるなど土づくりにとことんこだわり、トマト、ナス、キュウリ、ホウレン草など現在の栽培面積は10ha。年間30品目弱の野菜を生産している。地元のスーパーをはじめ、全国に有機野菜を宅配する会社や飲食店などと直接契約し、生産を拡大してきた。同時に、05年にNPO農業の学校を設立し、人材育成にも力を入れている。

サラダボウルの最大のテーマは、農業で幸せに生きるということ。サラダボウルにかかわるすべての人間が幸せになってほしい。

サラダボウルで働く仲間たち。笑顔が絶えない

「農業をやってよかった」「サラダボウルの野菜が食べられてよかった」「サラダボウルと仕事ができてよかった」と思う人を増やしたい。

激動する時代、多様化するニーズ、正解のないマーケティングに臨機応変に素早く対応するために、私は株式会社として農業へ新規参入した。経営判断のスピードと柔軟性をもちながら、何より自分たちの想いをカタチにしようとしている。

合言葉は、「面白くなければ農業じゃない！楽しくなければ会社じゃない！」。

農業を牧歌的な生き方にするのではなく、「ものづくり」として最高にアカデミックで、クリエイティブで、「幸せ・感動販売業」なんだと伝えたい。「農業はめちゃめちゃカッコいい、素敵な仕事だ」の具現化が目標である。

「引け目」から「カッコいい」への劇的な変化

もっとも、「農業がやりたい」と強く思うようになったのは社会に出てからのこと。10年間の金融機関での仕事をとおして、はじめて農業の魅力に気づいたのだ。

私は山梨県中央市（旧・田富《たとみ》町）の農家の次男として、1972年に生まれた。小さいころは、農業をやりたかったわけではない。むしろ、まったく反対だった。父からは、こう言われて育てられた。

「お前たちが大きくなったら、もう農業をする時代じゃない。勉強して学校へ行って、いい会社に就職しろ」

これは、私だけが特別なのではない。全国どこでも、農家の息子であれば同じ経験をしているだろう。だから、農業に誇りをもつわけもない。親の仕事を聞かれたくなかったし、農家であることを恥ずかしく思っていたくらいだ。

いまでも鮮明に思い出すのが授業参観。母親が忙しいなか、何とか学校に駆けつけてくれるのだが、軽トラでやって来る。それがたまらなく恥ずかしくて、「みんなが見えない体育館の裏に止めて」と、いま思えば非常に情けないことを言っていた。

当然、農業は進路選択に皆無。進路どころか、農業がこの時代に成り立つなんて考えもしなかった。大学に進学し、卒業後は東海銀行（現在の三菱東京 UFJ 銀行）に入行。５年間勤務して、プルデンシャル生命保険に転職し、合計10年間金融機関で働いた。仕事柄、ありとあらゆる業種・業態を見て、さまざまな職業人と出会う。この経験が、農業にどっぷりはまり込む契機となる。

社会に出て気づいたことがある。頑張って、一生懸命に働いている人には多く出会ったが、仕事に夢中になっている人はほとんどいないということだ。とても違和感を感じた。小さいころは、みんながもっと楽しんで、笑って働いているものだと思っていたからである。

農業には、金曜日になると二日間休みだと浮かれたり、日曜日のテレビの「サザエさん」の時間になると翌日からの仕事を考えて胃が痛むなんてことはない。仕事の時間も、自分の時間も、家族の時間も、同じように楽しんで、夢中になって過ごしていた。それでいて、いつも自然体だ。

こうして、自分のDNAのなかに農業が刻まれている事実に気づく。外では農業の愚痴や悪口ばかり言っていた父が、家では農業の素晴らしさを毎日ふつうに語っていた姿を思い出すようになった。

「今日のトマトのできは、いまひとつだったな。もっと誘引を上にしてみるか。次は肥料を少し減らし、ハウスを閉めるのを数分遅らせてみるか」

「毎日忙しいけれど、面白くてたまらない」と私は思っている

いつも前向きで、楽しそうだった。夜中にトマトの心配をして、懐中電灯を持ってハウスに出かけていく。子どもを育てるように、いつもトマトを育てていた。自分の仕事をあんなにも大事にするなんて、他の仕事ではなかなかないだろう。

いまでも、ある光景を鮮明に覚えている。それはサクランボの収穫直前、父が大きな管理ミスをしたときのことだ。私は中学生だったと思う。軽トラの助手席に乗せられ、畑に駆けつけた。予想どおり、管理の遅れでハウスの中が非常に高温となり、サクランボは大きなダメージを受けていた。父はおもむろに被っていた帽子を地面に叩きつけ、「ちくしょう」と言いながら、涙を流したのだ。

ここまで夢中になれる仕事に携われるのは、なんて幸せなんだろう。父の背中は必死に働いていた姿でもあったが、それ以上に夢中になっている姿であり、それ以上に楽しんでいる姿であり、自然体の姿だった。

農業にはいのちを育てる喜び、無から有を創り出す面白さ、どこまでもイマジネーションが広がる奥深さがある。他の仕事にはない面白さと可能性に満ちあふれている。同時に、「なぜ昔はあんなに引け目に感じていたのか」という悔恨の念を抱くようになった。「農業はカッコいい仕事だ」と感じ、いつかそんな農業に携わりたいと思い始める。

農業はビジネスチャンスにあふれている

そう感じだしてから、農業の見方が劇的に変わった。農業は儲からないと刷り込まれていたが、金融機関に勤めるなかで、農業の可能性を見出すようになる。

金融機関ではたくさんのことを学んだ。そのひとつに、「この産業は儲かる。この産業は儲からない」ではないということがある。実際、どんな不況業種にもピカピカに輝く会社があるし、どんな好景気の業種にもダメな会社はあった。その会社が、その経営者が、どんな姿勢で取り組み、どれだけ情熱を傾け、どれだけ創意工夫するかで結果が決まるという現実を、目の前で見てきた。

農業もまったく同じではないか。農業でもピカピカ輝く人はたくさんいる。あらためて農業に目を向けると、「農業にはいま、とてつもなく大きなビジネスチャンスがある」と思った。目の前のすべてが農業に活かせることばかりなのだ。

製造業の技術開発の手法は、農業にどう置き換えられるのか？

コスト削減や効率化の手法は、農業ではどう活用できるのか？

この会社の現場改善の手法を農業にどう取り入れたら効果的か？

飲食チェーンがお客様に支持される要因を農業にあてはめたら？

サービス業の強みをもちこんだら、農業はどう変わるだろうか？

新商品開発（マーケティング）の手法は、農業なら何になるのか？

次から次へと農業の可能性が見出せてくる。農業には「できること」が山のように残されている。

農業は置き去られた産業ではない。もっとも古い産業でありながら、もっともフロンティアな仕事かもしれない。農業という産業が成り立たないのではない。間違った努力をしてきたから、成り立たなくなったのかもしれない。保護され、規制されてきたからこそ、遅れていると思われているからこそ、可能性が残されている。

いつの間にか、農業をアグリビジネスとして捉え、事業計画を立て始めていた。農業にはまだまだ無限の可能性が残されている！

金融機関での最後の数年間の仕事は、ベンチャー企業の支援が多かった。ベンチャー企業の経営者がもっているものと言えば、想いとアイデアだけ。それ以外は何もない。資金もなければ、商品も、製造設備も、人脈もない。自分のアイデアをカタチにしようとする強い想いだけだ。

しかも、目の前の課題をひとつクリアすると、10にも20にもなって次の課題がやってくる。それでも、強い想いと情熱で解決していく。創意工夫を重ね、自分の想いをカタチにしていく。

ベンチャー企業の支援を続けるうちに、人の支援では満足できなくなった。自分で「何か」をやりたいという想いが抑えられなくなったのだ。転機は必然としてやってきた。

それまでに、簡単に儲かる仕事や楽な仕事をたくさん見てきたし、そのときもそういう誘いもあった。しかし、「どうしても農業がやりたい」と考える自分がいた。そして、サラダボウルを設立し、農業の世界へ踏み込んだ。

モノにもヒトにも恵まれている

私が小さいころ、父が「農業が一番発展したのは第二次世界大戦の疎開時代だ」と言っていたのを覚えている。都会から疎開してきた農業をまったく知らない人たちが、革新的な技術をもたらしたという。周囲の農家に笑われながらも試行錯誤を重ね、常識を疑い、新たな価値を見出した。

いまも同じかもしれない。高齢化、担い手不足、遊休農地の増大、食料自給率の低下、残留農薬、偽装表示、燃油の高騰……。これらすべては、農業をイノベーションする要素にすぎない。根本的・革新的に変革するには、これほどチャンスの時はない。

こういう時代だからこそ、でき

ナスはサラダボウルの夏の主力商品

ることがある。革新的な技術や新たなノウハウが生まれる。もっとも古い産業であるにもかかわらず、逆にもっとも古い産業だからこそ、やり残されていることは多い。農業は最大のフロンティアになり得る産業なのだ。

では、農業のどこにビジネスチャンスがあるのか？　経営資源の要素である「モノ」と「ヒト」について説明しよう。

モノを農業に当てはめて考えると、「農地」と「販売」という２つの要素になる。

農地は飲食業や小売店であれば店舗に、製造業であれば工場に相当する。店舗開発も工場用地を探すのも苦労する。多くの時間が費やされ、多額の投資が必要だ。

しかし、農業ではどうだろう？

遊休農地はたくさん存在し、今後も増える一方だ。「ここも借りてくれ、あそこも貸してやる」と向こうから情報がやってくる。これほどありがたいことはない。

販売についても同様だ。ホンモノの農産物を買ってくれる人は増えており、やはり向こうからやってくる。農業や食は注目されても、それに応える生産現場はまだまだ手薄だからである。

「物語のある野菜をインターネットで売りたい」「オーガニックショップで取り扱いたい」……。私たちから見るとお客様ばかりだ。

そして、何より農業は明確なメッセージを送られている。「農薬を使っていない野菜がほしい」「一定の規格で安定して入荷してほしい」「コールドチェーンで取り組みたい」……。こんなにニーズがはっきりした、やりやすい業種は少ない。

いまや製品やサービスは世の中

にあふれ、不要なものが作り続けられ、過剰なサービスが氾濫している。何を作り、何を提供したらいいのか見えない時代のなかで、農業はやるべきことが明確に伝えられ、与えられている。これほど追い風の産業ははないだろう。

ヒトについては、さらに恵まれている。大企業が人材を一人採用するのに1500万～2000万円かかると言われる。中小企業もかなりの費用負担をしながら必死になって人材を確保しようとしているが、慢性的な人材不足が続いてきた。

だが、農業は違う。最近では、自ら手を上げてくる。それも「人材教育」などといって、モチベーションをあげさせる必要はない。「農業をやりたい人間」「農業が好きな人間」が集まってくる。

なぜ、モチベーションが高い人間が集まるのか。それは就農するまでのステップにある。農業をやりたいと決意して、両親に打ち明ける。すると、たいていは反対される。反対されなくとも、強い抵抗にあう。

「農業は大変だぞ」

「思いつきで決めると、後で後悔するぞ」

「どうやって食べていくんだ」

思いとどまらせるための説得が続く。

次に友人に話す。しかし、理解されない。

「へぇ、農業なんだぁ」

「お前、変わってるなぁ」

そして、極めつけが行政の就農支援窓口。相談に行くと、応援されるどころか、「農業はあなたが考えているほど甘くない」と2時間ぐらい説教され、追い帰される。

彼らはそれらの壁を自分の意志で乗り越えて農業のフィールドにやってくる。その過程で、自分の考えをもち、自立する。必ずしも頭がよかったり、いい学校を卒業しているわけではないが、こんなに「ヒト」に恵まれた業界はそうないだろう。農業は高齢化が進み、将来はないと言われる。しかし、大きな弱点とされてきた「ヒト」は、いまや農業の一番の強みとなっている。

人材を育てる

サラダボウルは設立当初から、生産と同時に人づくりにも力を入れてきた。作物を作ることと同じか、それ以上に時間を費やし、情熱を傾け、お金を使ってきた。

その結果、いまでは毎日ブログに5000～6000件のアクセスがあり、農業をやってみたいという相談は５～７件ある。たくさんの人びとが農業をやりたいと思っているのだ。農業がもつポテンシャルの高さが実感できるだろう。

とはいえ、実際に農業を始めるまでのハードルは高い。たとえば、お店を出したいと思えば、それがラーメン屋なのか蕎麦屋なのか美容室なのか洋服屋なのか決めている。

だが、農業の場合は、とにかく農業をやりたいと言う人が多い。広い面積でキャベツを作りたいのか、ビニールハウスでトマトを作りたいのか、それとも桃を作りたいのか、農業で「何を」したらいいのかがわからない。もっとも、農業の世界は特殊で理解しづらいから、それは無理もない。

研修を始めてから、本当にやりたい農業の姿が見えてくる。すると、「自分のやりたい作物ではない」「自分のやりたい農法ではい」「自分が生まれ育った場所でやりたい」などの問題や希望が出て、辞めざるをえないケースも多かった。せっかく農業を志し、しかも農業が嫌いになったわけではないのに、フィールドから去らなければならないのは、お互いに不幸だ。

そこで、NPO 農業の学校を設立し、就農希望者を受け入れるように変えた。ここは全国の農業生産法人や生産者と連携しているので、野菜や果樹だけでなく農業のさまざまなカタチに対応できるし、受け入れ先の紹介もできる。公的な農業の教育機関はあるが、現場で通用するプロを育てるためには現場で対応するしかない。

現在、NPO 農業の学校には、農業の魅力に惹かれた年間100名を超える研修生がやってくる。夢と情熱をもった、すぐれた人材である。これほどうれしいことはない。多様なプログラムを用意し、農業を志した人が一人でも多く一流の農業人になれるように支援している。

想いが農業を変える。想いがカタチを創る。これからも農業と真正面から向き合い、情熱を傾けていこうと思う。ここまで夢中になれる仕事ができるのは本当に幸せだ。

「農業で幸せに生きよう」

「農業をカッコよく、気持ちいい仕事にしていこう」

〈田中進〉

第1章

1 誰もやらなかったことをやる

都市農業のフルコース

白石農園・大泉 風のがっこう(東京都練馬区)

地産地消率100％の 23区の専業農家

西武池袋線大泉学園駅からバスで約20分。メガロポリス東京で専業農家を続ける白石好孝《よしたか》さん(1954年生まれ)の農園は、埼玉県との県境に近い東京都練馬区北部の住宅街にある。

初夏の週末、1.3haの畑には涼やかな風が吹きわたっていた。トマト、キュウリ、トウモロコシなど15種類ほどの野菜が整然と並び、青々と葉を茂らせている。

白石農園と普通の農家との違いは、週末の畑をひと目見ればわかる。野良着姿の多くの市民が耕作しているからだ。畑の３分の１強にあたる50aは「大泉 風のがっこう」という名の農業体験農園になっている。この日も100人を超える市民が、土を耕したり、収穫した野菜を水洗いしたり、顔なじみの畑仲間と談笑したりしていた。

正午からはビニールハウスで、農業体験農園に参加している市民たちの交流会。まず、園主の白石さんが挨拶する。

「春からの野菜作りが一段落したので、今日は大いに交流しましょう」

続いて、参加者の代表が「自分の作った野菜を食べるのが最高の楽しみ。大いに飲んで食べて語らいましょう」と述べ、缶ビールで乾杯。一人一品ずつ持ち寄った手作りのご馳走を食べ、畑の酒宴はいつまでも盛り上がっていた。

白石家は約300年前から代々、この地で米や野菜を作ってきた農家だ。現在は、白石さんと妻の俊子さん、それに父親の光男さんの３人が農業に従事している。

白石さんが東京農業大学を卒業して農業を始めたのは78年。初めはキャベツや人参など生産した野菜の95％を市場に出荷していたが、87年から庭先での販売を開始。続いて地元のスーパーや学校給食への直売を手がけ、97年に農業体験農園をスタートさせた。

現在の経営は、①農業体験農園、②庭先販売、③地元スーパーやJA(農協)直売所での直売、④学校給食や併設している農園レストランへの直売、⑤精神障がい者の雇用から成り立っている。

2008年は年間の売り上げが約1300万円。内訳は①の入園料と野菜の販売代金が550万円弱で4割を占めて、もっとも多い。ついで、②が300万円弱、③が250万円強、④が200万円弱だ。

07年には念願だった地産地消率100％を達成した。生産した野菜がすべて地元住民の口に入るわけだから、究極の地産地消モデルと言ってよいだろう。

「地産地消100％をめざしてきたので、ようやく目標が達成できました。家族経営の小規模農家ですが、専業農家としてそこそこの所得はあります。自立した都市農業のひとつのスタイルと言えるかもしれません」(白石さん)

初心者でもプロ並みの収穫

白石農園の経営の柱となっているのが農業体験農園。市民が農家の指導を受けて、種播きから収穫までの農作業をトータルに体験できる農園である。果樹を収穫するだけの観光農園や、自治体やJAなどが農家から借り受けた農地を市民に貸し出す市民農園とは違って、農家の指導を受けて市民が本

住宅街に囲まれた白石農園の全景。多くの市民が畑で農作業するのが農業体験農園の特徴だ

講習会で実演指導する白石さんと、熱心に見つめる参加者たち

格的に農業に取り組む点が最大の特徴だ。

白石さんと同じく練馬区で専業農家をしている盟友の加藤義松《よしまつ》さんが立案し、区の担当者と協議を重ねた末、1996年にスタート。以来、毎年１園ずつ増やしてきた。2009年４月現在、14園が開設され、およそ1800区画で5000人以上が野菜作りに勤しんでいる。

農業体験農園は、市民と農家、それに自治体の３者の連携で成り立つ。市民は農家と約１年間の契約を結び、農家の指導のもとに１区画30㎡で野菜を作る（契約は５年まで更新できる）。そして、農家が週末に開催する講習会に参加し、野菜作りの技術を学ぶ。畑にはいつでも出入りして農作業できる。農家の指導に従って農作業を進める必要はあるが、初心者でもプロ並みの収穫が得られるという。

白石農園の場合、50aの農地に125区画あり、約400人が耕している。入園料と収穫物の購入代金として年間３万1000円（練馬区外の人は４万3000円）を支払い、収穫された野菜はすべて本人のものになる。計画どおり収穫できれば市場購入価格で約８万円になるという試算もあり、市民にとって損はない。

「まさか自分が、八百屋やスーパーに並んでいるのと同じ野菜を作れるとは思いもしませんでした」（大手電機メーカーで統括部長を務める小川源次郎さん）

「野菜の収穫も喜びですが、いろんな人と知り合いになれるのがいい。近くに自分の居場所があって、仲間がいるのはとてもありがたいことです」（定年退職後、農業体験農園で野菜作りを始めて10年になる門澤《かどさわ》達郎《たつお》さん）

農業体験農園への参加によって、市民は自分で作った新鮮で安全な野菜を食べ、健康になれるだけでなく、土に触れて自らの労働で野菜を栽培する喜びも味わえる。また、畑仲間や農家と交流を深め、地域につながりができるなど、得るものは計り知れない。

農家にも自治体にも大きなメリット

経営者である農家は、どの区画に何をいつ作るか、１年間の栽培計画を立てる。そして、種や苗をはじめ、鍬やスコップなどの農機具、堆肥や農薬などの農業資材を準備。種播きや苗の植え付けから収穫までの栽培技術を市民に細かく指導する。

農家経営から見ると、段ボールなど出荷にかかる経費がかからず、農薬の使用量も少ないため、コストが低くすむ。利益率は７割前後ときわめて高い。入園料と収穫物代金が定期収入として毎年入ってくるので、経営が安定する。しかも、農作業を多くの市民が分担してやってくれるわけだから手間や時間が省かれ、その分の余力で新たな事業展開を図ることもできる。

さらに、消費者が目の前にいて、手ごたえを肌で感じられる。市場に出荷するのとは、やり甲斐も張り合いも違うだろう。

練馬区では、農具庫や簡易トイレなど施設整備費の４分の３の費用（農林水産省２分の１、東京都４分の１）と、管理運営費として１区画（練馬区民の利用区画のみ）につき１万2000円を補助するほか、区報などで参加したい市民を募集するなどの広報活動を行っている。農業体験農園の意義について、練馬区経済課の峯元淳主事はこう説明する。

「農家のメリットは農作業の負

収穫した大根やキャベツ、ナスなどを並べて記念写真を撮る参加者たち

担が減るうえに、安定した収入を得られることです。また、農家と市民の交流によって市民の農業に対する理解が深まり、都市農業の存続につながります。練馬区にとっても得るものは大きいです」

農業体験農園の開設によって経営が安定し、いったんサラリーマンになった息子がUターンして就農したケースも生まれている。

バランスがとれた多角的経営

白石農園では、農業体験農園を除く80aで年間30種類前後の野菜や果物を栽培している。無農薬有機栽培ではないが、農薬の使用量は慣行栽培の４分の１以下（秋～

夫婦と子ども３人の一家総出で農作業を楽しむ

春の葉物類は無農薬)、肥料は自家製の堆肥が中心だ。

農園と自宅前の２カ所に自動販売機を設置し、一年を通して旬の野菜を販売しているほか、農園まで買いに来る消費者のために畑でも直に販売する。６月から８月にかけて作られる夏野菜の人気はとりわけ高く、枝豆、茶豆、トウモロコシは、収穫するそばから売れていくという。2008年からは、20aでブルーベリーの摘み取り販売も始めた。

このほか、軽トラックで約20分のスーパー・板橋サティにも旬の朝採り野菜を週３回納入し、人気商品となっている。また、JA東京あおばが開設している２つのファーマーズショップ(直売所)でも販売するほか、不定期だが、都内のデパートなど厳選された高級食材を扱う店にも納入している。

学校給食用の野菜も結構な量になる。月末に翌月に出荷可能な野菜の種類と量をそれぞれの学校の栄養士宛てにFAXすると、献立てに応じた注文が来る。08年度は周辺にある小学校３校と中学校１校が対象で、販売額は年間100万円程度である。

07年８月には、農業体験農園の隣接地に東京23区初の農園レストラン「La毛利《もうり》 Table Paysanne」をオープンさせた。建物の面積は約100㎡で、東京・奥多摩産の杉を使ったバリアフリーの造り。窓からは農園が一望でき、ゆったりとくつろいだ気分で食事が楽しめる。土地と建物は親戚の所有で、白石さんに家賃収入があるわけではないが、野菜の販売額が年間100万円ほどになり、新たな大口の販路となった。

板橋サティの特設コーナーに並ぶ白石農園の野菜。説明文は白石さんの直筆だ

La毛利の目玉は何といっても素材を活かした料理。Table Paysanneはフランス語で農家の食卓という意味だ。毛利さん自らの栽培も含めた白石農園の朝採り

白石農園が一望できる東京23区初の農園レストランLa毛利

野菜をはじめ、富山県や岩手県から直送される魚など新鮮な食材がふんだんに使われている。自家製のパン、スモークチーズ、ベーコン、それに栃木県の天然地下蔵でじっくり寝かせた取っておきのフランス産ワインの人気も高い。

オーナーシェフの毛利彰伸《あきのぶ》さん(1969年生)は、10年にわたって白石農園で野菜作りを学ぶ週末農民のひとりだ。西武池袋線保谷《ほうや》駅の近くでレストランを経営していたが、白石さんとすっかり意気投合し、誘いに応じて農園の隣に移すことを決断した。

ただし、駅から遠く、交通の便が悪い。当初は客が入るかどうか心配されたものの、蓋を開けるとすごい人気で、開店後半年間は3カ月先まで予約でいっぱいという盛況ぶりだった。1日の利用者は平均80人前後。売り上げは月に300万円を越え、経営は順調だ。

「素材の味にプロのひとひねりを加えて、家では食べられない美味しい料理を提供するのがうちのスタイルです。ようやく落ち着いたので、これからはお客さんとのコミュニケーションに務め、自家製チーズやベーコンの販売も手がけたい」(毛利さん)

さらに、白石農園では精神障がい者の社会復帰をお手伝いしようと、東京都の協力事業所の指定を受け、98年から統合失調症や躁うつ病などの人たちを訓練生やアルバイトとして受け入れている。仕事は、ホウレンソウや枝豆などを束ねる作業や大根洗い、約100羽飼っている鶏の卵の回収とパック詰めなど。農園という癒しの場で鋭気を養いながら、わずかではあるが収入を得て社会復帰の準備ができる。

これまでに30人近くを受け入れてきた。農作業によって症状にプラスの変化を感じられた人も多く、白石さんは「農園は通院しながら働く福祉作業所として役立つのではないか」と考えている。

協力事業所の指定を受けると、行政から事業主に訓練生ひとりにつき1日3465円(消費税相当分を含む)が支給され、そのうち1100円が訓練生の日当となる。白石さんは日当のほかに、野菜を1束袋詰めするごとに20円の報酬を出している。

「鶏の世話など細かい仕事をしてもらい、労働力としてたいへん役に立っています。彼らの存在なしでは経営が成り立たないと言ってもいいくらいですよ」

農作業をする精神障がい者にとってはリハビリを兼ねた収入源となり、白石農園にとっても経営を下支えする貴重な労働力となっているわけで、農業体験農園と同様に一挙両得のプロジェクトと言ってよいだろう。

子どもたちの体験の場を用意

2003年にはNPO畑の教室を設立し、自ら理事長を務めている。メンバーは農家仲間や市民ら約30人。練馬区内に住む小・中学生を対象にした農業体験教室や社会科見学、中学生の職場体験の受け入れ、山梨県の棚田で親子が参加しての米作り体験などを実施している。区内に住む子どもたちが何らかの形で農業を体験できる環境づくりが目標である。

きっかけは、1992年に農業体験の場として、近隣の小学生を受け入れたことだった。畑の一角でトウモロコシなどの栽培・収穫から始め、96年からは学校給食に野菜を供給。97年には練馬区のごみ

トウモロコシの収穫体験で訪れた小学生たち

リサイクル事業の一環として、校庭の桜やケヤキの落ち葉を引き取って堆肥を作り、後に給食の残飯の一部も使うようになった。こうして、畑の野菜が学校給食の食材となり、残飯や校庭の落ち葉が畑の堆肥となるという循環の仕組みができあがり、子どもたちの食育に最高の教材となったのだ。

白石農園を訪れる小･中学生は、年間1500人にものぼる。白石さんは、こうした農業体験をとおして子どもたちが次の４つを学ぶことができると考えている。

①自然のなかでいのちが育まれること。

②いのちの生死にふれること。

③人間の及ばない力があること。

④仲間とともに生きること。

「都会の子どもたちは土から離れた生活をしているけれど、畑に来れば土にふれられます。今後も子どもたちが自然体験をできる場を増やしていきたい」

畑の教室の活動は農家経営に直接関係するわけではない。しかし、都市農業に対する市民の理解や支援を広げるという意味で、非常に重要な活動のひとつである。

地域コミュニティの核

都会の畑はかつて、市民にとっては鉄条網で仕切られた異世界だった。白石さんたちが思い切って畑を開いたことによって、現在では市民が自由に出入りし、農家の指導を受けて土を耕し、相互の交流を深める地域コミュニティの核となりつつある。

そのシンボルと言える恒例のビッグイベントが、毎年11月に開催される収穫祭を兼ねたジャズコンサート「フェスタ・イン・ビニール」だ。文字どおり、コンサート会場は白石農園のビニールハウス。たくさんの市民が集まって、サックスプレイヤーの梅津和時や新井田耕造などトップミュージシャンの演奏を楽しむ。

白石農園は、95％市場出荷の時代から直売への移行、農業体験農園の導入、そして地産地消100％へと、この20年で大きく経営スタイルを変えてきたが、

「農業という営み自体はまったく変わっていません」と白石さんは言う。

そうしたなかで、農業体験農園は「練馬方式」として、全国的な注目を集めている。練馬区外にも広がり、東京都農業体験農園園主会に加わる農園は2009年７月現在で、京都府や福岡県も含めた６都府県の69。合計約4200区画で１万人以上が農に携わっている。このほか、神奈川県横浜市でも同じタイプの栽培収穫体験ファームが85園ある。

そして09年の冬、ビッグニュースが飛び込んできた。白石さんが会長を務める練馬区農業体験農園園主会が08年度日本農業賞の大賞を受賞したのだ。JA全中やNHKが主催するこの賞は、農業経営や技術の発展に取り組み、地域社会の発展に貢献した農家や営農集団に贈られるものである。農業体験農園は、農業の本流でトップになったと言ってよい。

「1960年代以降、都市農業は農業施策の対象からはずれ、縮小の一途をたどってきましたが、地産地消に取り組み、しぶとく生き残ってきました。そのひとつのスタイルである農業体験農園の大賞受賞は、都市農業が日本農業のメインストリームから認められたということです。今回の受賞を機に農業体験農園の全国への普及に取り組んでいきたいと考えています」（白石さん）

これまでの農家経営の「優等生」の多くは、大規模化やハウスなどの施設を使った工業的農業の成功事例だった。白石さんのケースはそれらとまったく異なり、小規模な家族経営による地産地消の取り組みだ。白石農園のような経営スタイルは都市農業の最高のビジネスモデルであるだけでなく、地域コミュニティを再生するうえでもきわめて有効な取り組みとして注目を集めていくにちがいない。

〈瀧井宏臣〉

フェスタ・イン・ビニールのジャズコンサート。右側が梅津和時さん

第1章

1 誰もやらなかったことをやる

有機農業を核とした大規模経営

金沢農業・金沢大地(石川県金沢市)

有機農業は使命

有機農産物の流通は、生産者が少量多品目を生産し、消費者と直接提携する形が主流となってきた。これに対して井村辰二郎《しんじろう》さん(1964年生まれ)は、石川県金沢市を中心とした150haの広大な農地で、大豆・麦・米の有機栽培をしている。生産部門が金沢農業、加工品の販売部門が金沢大地だ(2008年7月に、個人では困難な事業を行い、東アジアの食料安全保障へ貢献するために、農業生産法人アジア農業株式会社を設立)。

地元の広告代理店を辞して97年に就農した当初は、自然農法による少量多品目生産を思い描いていた。しかし、父とともに農業に取り組むなかで、一定規模の有機農業が成り立つ経営モデルを世に示していく必要性を強く感じるようになったという。

「有機農業は自分にとって、手段や目的ではなく使命《ミッション》です。持続性のある生産行為をしたいと思ったとき、選択肢は有機しかなかった。その生産性と将来性を示せれば、後に続く生産者が現れ、有機農業は広がると信じています」

堆肥は土づくりのための貯金

井村さんの祖父や父親は、能登半島の付け根にあった河北潟《かほくがた》での漁と水稲栽培の半農半漁で生計を立てていた。ところが、1963年に始まった河北潟の干拓事業によって漁業権を失い、引き換えに干拓で生まれた農地を得る。この農地で大規模稲作を行う計画だったが、70年からの減反政策によって水田化が認められずに挫折。畑作に取り組んだ人びとの多くは、やがて耕作を放棄した。

その大きな要因は、水はけが悪い重粘土の土壌である。井村さんの父親は、堆肥をコツコツ入れて土づくりに励んだ。さまざまな作物の栽培に挑んだ末に行き着いたのが、大豆と大麦の二毛作である。

97年当時、周囲の耕作放棄地を借りて、すでに30haの畑と15haの水田があった。その後、慣行栽培だった大豆と裏作の大麦を有機栽培に徐々に転換。2001年には畑のすべてを転換して、有機JAS認証を取得する。

短い期間で転換できたのは、土づくりができていたからである。また、大規模ゆえに除草を機械化でき、有機JAS認証で必要とされている「隣接する慣行栽培農地との間の幅4mの緩衝地帯」も容易に確保できた。

現在は河北潟干拓地の約100haと輪島市門前町にある約23haの第二農場で、大豆・小麦・大麦を有機栽培し、金沢市を中心とした約30haの水田で米を低農薬栽培(除草剤1回使用)している。

井村さんの有機農業は、土づくりがすべて。父親の仕事を土台に、さらに堆肥を貯金のように入れ続けてきた。1年間に使う3000t以上の堆肥は由来がわかる原材料だけを使い、全量自家生産している。土づくりをしっかりしておけば、作物は地力で穫れる。信頼性を高めるためには客観的な認証が必要と考え、有機JAS認証が始まる前から海外のオーガニック認証を受けていた。

「認証を取得するのは、有利に販売するためではなく、生産者としての責任です。認証を受けるのは手間も費用もかかって大変ですが、より厳しい方向を求め、それによって自分たちも成長していく道を選びました」

持続可能性を重視しつつ大豆の規模を拡大

生産のメインは大豆。煮豆や枝豆のようにそのまま調理して食べるだけでなく、味噌・醤油・豆腐・納豆などの基本的な調味料や伝統食の原材料ともなる、日本の食に欠かせない素材だ。

大豆を播くのは6月から7月末に

2005年に建設した堆肥場。夏から冬にかけて大量の堆肥をつくり、ストックする

かけて。10月10日ごろから約１カ月が収穫期となる。その直後に小麦・大麦を播いて６月に収穫。またすぐに大豆を播く。

種を播いた後、適度の雨が降らなければ芽は出ない。畑が雑草に覆われれば、収穫は限りなくゼロに近づく。しかし、除草剤や化学肥料に頼る慣行栽培を続けていると、連作障害が起きて収量は伸びない。試行錯誤の末、土づくりをしっかりしたうえで３年ごとに水田と畑を交替すると、連作障害が起きないことがわかってきた。有機農業ゆえに収量が伸びる可能性があるわけだ。

耕作放棄地を開墾して大豆を植えた（輪島市の第二農場）

視察に訪れる行政関係者の質問は、まず反収に集中する。なかには反収300kgの畑もあるが、雨などで機械除草のタイミングを失うとまったく収穫できない場合もあり、平均反収は80〜100kgである。慣行栽培の平均は120〜180kgだから、かつては聞かれるたびに恥ずかしく感じていたという。しかし、除草剤も化学肥料も使わずに収量は年々増加しているし、耕作放棄地を耕して生み出した結果なのだから、恥じる必要はないと思うようになった。

「金沢農業・金沢大地の経営理念は『千年産業をめざして』。持《サス》続《テ》可能性《ナビリティ》を意識して、農業に取り組んできました。単年度の反収や肥料の分量といった狭い観点で農業を捉えているわけではありません。複雑でダイナミックな自然というシステムに気づいていただきたいと考えています」

大豆を大切な食材と位置づけて栽培している有機農家は多い。消費者との提携関係のもとで、毎年作り続けられ、暮らしが成り立つ価格を互いに納得して決めている。ただし、そのほとんどは栽培量が少ない。一方、井村さんは、ある程度の量をそろえることが大切と考えている。そう思い至ったきっかけは、ある豆腐メーカーの言葉だった。

「慣行栽培の国産大豆ですら安

定供給できない。まして、有機栽培大豆では、加工に必要な最小製造量(ロット)をそろえられないだろう」

最小製造量を安定供給できなければ、食品メーカーは原材料として使えない。結局、輸入に頼る構造となり、日本の農業の衰退につながる。そう気づいたときから、井村さんは規模拡大を強く意識しだした。

金沢農業の有機栽培大豆は現在、国内生産の10%を占め、生産量は日本一だ。価格をある程度決められる力もついた。とはいえ、食用大豆の自給率は５%(2007年度)、有機大豆は大豆生産量の0.4%程度(05年度)でしかない。井村さんは、機械化と大規模化を進めて有機大豆の生産量を増やしたいと、意欲的に取り組んでいる。

自給率を上げるには小麦栽培が必要

就農して間もないころ、井村さんは自分の食卓の自給率を計算してみて、驚いた。米も野菜も卵も作っているのに、50%以下にとどまっていたからである。

原因は小麦だった。家族はパンや麺類が大好き。だから、小麦を栽培しなければ自給率は上がらない。現代の日本の食生活には小麦の存在が大きいのだ。

北陸地方は大麦の産地で、井村家では父親の代から麦茶用の大麦を作ってきた。経営だけを考えれば、小麦より大麦のほうがずっと効率がいい。だが、麦茶は嗜好品で主食にはなり得ない。煮出すだけで食べないから、カロリー自給率の向上にもつながらない。

収穫を控え色づく南部小麦の畑。収穫は６月中旬〜７月初旬だ

「自分は穀物農家です。小麦製品が多く食べられている現状を踏まえれば、穀物農家が小麦を作るのは宿命だと考えるようになり、小麦栽培に対する情熱と動機《モチベーション》が生まれました。調べてみると、北陸３県(富山・石川・福井)では誰も小麦の有機栽培をしていない。普及指導員に相談しても『できっ

こない』と言う。そこで、世界中から小麦の種を集めて試験栽培から始めました」

本格的に栽培を始めたのは4年後の2002年。約7tを収穫できたときはうれしかった。早速、地元の会社に製粉を依頼する。ところが、こう言われた。

「120tあれば、すぐに挽《ひ》きましょう。小麦粉は賞味期限が数カ月ですから、常に販売できる体制にしておくために、同じ量を年4回持ち込んでください」

農産物の加工には、どこまでもロットの壁がつきまとうのだ。井村さんは現在、日本最大の有機小麦生産者だが、豊作の年でも大麦と合わせて120t程度である。

かつては、地域ごとに地粉を製粉してくれる会社があった。しかし、流通と消費者が安い小麦粉を求めるなかで、大量に輸入して製粉するメーカーしか現在は残っていない。

このときの小麦は、運よく関東地方の地粉メーカーで製粉してもらえた。40%は飼料にしかならない麦芽部分(ふすま)で、手にした小麦粉は4t。これを販売するために、原価計算をした。小麦の手取り価格を1kg120円に設定。それに加工賃、袋代、シール代、段ボール代、輸送費を積み上げたところ、約600円となった。だが、これでは高いと判断して、消費税別500円で、付き合いのある有機農産物を扱う近畿地方の宅配事業体に提案する。返ってきたのは、こんな答えだった。

「国産の有機栽培小麦粉は素晴らしいけど、この値段で誰が買うねん」

当時、ふつうの小麦粉の価格はスーパーの特売で1kg98円。井村さんが提示した価格はその5倍以上だから、当然の反応だろう。ここに至ってはじめて、井村さんは気づく。

「自分が作っているものの価値を認めてもらうには、よほどの努力が必要だ。大変な道に踏み込んでしまった」

市販の小麦粉価格がこれほど安い理由は、最大の小麦輸出国であるアメリカが行っている自国産小麦への補助金にある。ピークには、小麦農家の所得の半分は政府からの支払いだったという。当然、国内需要以上に生産され、低価格で輸出にまわる。

日本にも大豆と麦を対象とした交付金制度があるが、それを利用しても輸入小麦の価格には太刀打ちできない。しかも、有機JAS認証を取得している場合、交付金を受け取るのにさまざまな制約がある。

結局、金沢農業では交付金に頼らずに麦と大豆を作り続けている。「そういう農家はほとんどないだろう」と井村さんは言う。

7年かけて創出した有機小麦市場

4tの小麦粉は、井村さんの大豆を原材料に使う醤油会社が引き受けてくれた。金沢大地を名乗るようになったのはこの時期だ。

その後、10t単位で製粉可能なメーカーとの出会いがあり、小麦粉の製品化にこぎつける。同時に「とにかく食べて価値を認めてもらうことから始めよう」と発想を転換。原価の積み上げ方式をやめた。そして、消費者が買う国産有機小麦粉価格を試算し、1kg400円という数字をはじき出す。卸売価格の約2倍、ふつうの小麦粉の約3倍だ。

このとき心がけたのは、一般的な流通であるスーパーの価格を基本にすること。逆算していくと、金沢農業から金沢大地へ出荷する価格は、ふすま部分も含めて1kg90円。赤字だが、値上げしないでやってきた。

「小麦粉は準主食。嗜好品ではなく毎日のように食べる、生きていくための糧です。貴重なものだから、それなりの価格で売りたいという気持ちもあるし、ケーキや高級和食店のように、それが可能なマーケットもある。でも、私の小麦を買ってくださる方は、健康を考えつつ家計の範囲で負担されているのですから、あまり高い値段はつけられません。

一方で、小麦だけでは採算が取れないのも事実です。大麦や大豆、米で赤字部分を補って小麦を作り続けているので、価格については相当なジレンマがあります」

有機栽培した原材料で作った製品を、誰が作ったのかわかる形で消費者に届ける道筋をつくるのは、提携のひとつの形だと井村さんは捉えている。金沢大地で販売する小麦粉製品の生産者は金沢農業だけ。小麦粉の袋には井村さんの写真が印刷されている。有機農業の世界で昔から言われていた「顔が見える関係」だ。

大豆は豆腐や味噌に、小麦は全粒粉に、自ら加工する。納豆、手のべそうめん、パン、六条大麦茶、醤油のように自ら加工するのがむずかしい場合は、目が届く範囲の企業に加工を依頼して、流通にまわす。こうして、直接手渡ししなくても顔が見える関係を結んできた。

「ぼくが小麦を作り始めたころ、有機栽培小麦には市場がなかった。7年間で、やっと価値を認めてもらうところまできました。

少量多品目という有機の王道を歩んでいないと言われますが、お客さんの需要を満たす安定量を安定価格で供給するには規模が必要です。現状では、有機栽培の大豆と小麦は自分が作らないと市場がなくなってしまう。金沢大地はシビアな世界で信用を築き、価値を創造してきました。その製品を買っていただくのは、消費者と私たちが価値を共有するということなのです」

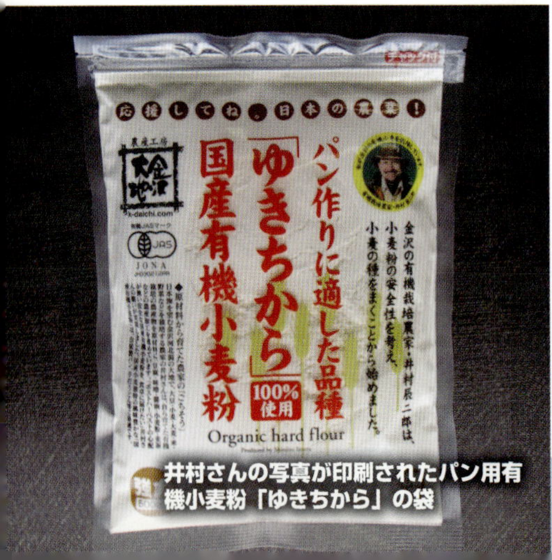

井村さんの写真が印刷されたパン用有機小麦粉「ゆきちから」の袋

耕作放棄地を耕し人材を育てる

河北潟干拓地の農地はほぼ飽和状態となり、規模拡大はむずかしい。一方で、井村さんは耕作放棄地の増加に心を痛めてきた。

「何とかしたいという使命感があるし、耕作放棄地だからこそ自分の活躍の場があるとも思っています」

輪島市の第二農場はもともと、国が山奥に切り開いたパイロットファームだった。原野化していた土地の一部を井村さんが借り、2006年から大豆・大麦・小麦を有機栽培している。

「私はいま44歳ですが、50歳になるまでに、これまで取り組んできた農地も含めて、全国の耕作放棄地約38万haの0.1%に当たる380haを耕そうと、ひそかに心に決めています」

金沢大地の現在の活動範囲は石川県内だが、県外も視野に入れて動き始めている。その一つが太平洋側に農場を造ること。日本海側は天気が悪い日が多く、生産量に限界がある。太平洋側にも農場があれば、リスクを分散できる。人

小麦を育てる広大な干拓地に立つ井村さん

材を育てて、新たな農場に送り出していきたいと考えているのだ。

父と２人で始めた農業は、農場に10人の正社員、事務所に正社員とパートが各３人という組織に成長した。

「雇用を増やせたのは、有機農業を核として経営しているからです。有機農業は働く場の創出もできます。2008年は思い切って、草取りのために地域の人をたくさん雇いました。人件費だけで1000万円は使いましたが、ずっと実現したいと思っていたことです。

金沢農業の規模で除草剤を使うと、年間1000万円以上かかります。農薬に消える1000万円と、人件費として地域の人の手に渡る1000万円の価値は、お金の額は同じでも意味合いが違う。それが有機農業の価値です。可能なところは省力化しますが、経費は人件費に多く配分するのが本来のあり方だと思っています」

井村さんは就農して11年間で、農地を約90ha増やした。利益率は低いというものの、年商は農業部門（金沢農業）が約１億5000万円、加工・販売部門（金沢大地）は約３億～３億5000万円だ。また、一年一作の農業だからこそ、スピードが大切だと考えている。同時に、リスクを背負ったことはほとんどないと言う。

「いつも石橋をスピーディーに叩いて、渡っています。経営とはそういうものではないでしょうか。そうは言っても、たかだか11年。10回しか作ってないのに、これだけ収穫できれば十分です。これから研究が進み、もっと素晴らしい技術が出てくる。市場が育ってきて需要もありますから、有機農業にはますます可能性が広がっています」

〈吉野隆子〉

第1章

1　誰もやらなかったことをやる

低投入内部循環型の有機畜産

興農《こうのう》ファーム(北海道標津町)

数日前に生まれた仔豚たちを抱く本田廣一さん

28歳で始めた酪農

興農ファーム代表の本田廣一《ひろかず》さん(1947年生まれ)は、獣医をめざして勉強していた20歳のとき、「農業を始めよう」と心に決めた。当時は学生運動が盛んで、自らも熱心にかかわるなかで、こう考えたのだ。

「なぜ、平気で人を蹴落としたり傷つけたりする社会になってしまったのか。出した答えは、学校教育が進学だけをめざし、学問本来の目的を失ったということ。学問は自然の法則を論理化したものだから、本質を学ぶには自然の法則を自分の体で感じるしかないと思った。それには農業しかない」

まず、東京で清掃業や港湾労働で2300万円の資金を貯めた。そして、28歳の76年に、仲間4人とその家族とともに北海道の標津《しべつ》町に移り住んで酪農を始める。

以後34年間、「農を興《おこ》す拠点に」という思いをこめて名付けた興農ファームは、乳価の低迷、BSE(狂牛病)をはじめとした食の安全・安心を揺るがす事件、飼料の高騰などに翻弄されてきた。それでも、近代畜産とは大きく異なる、有畜複合農法に基づいた「低投入内部循環型畜産」という柱は一切、揺らいでいない。

規模拡大がもたらしたもの

興農ファームは、農地45ha、ホルスタイン種の乳牛28頭でスタートした。「追いつけアメリカ、追い越せヨーロッパ」というスローガンのもと、国が1500億円という莫大な予算で「新酪農村建設事業」に取り組み、規模拡大を進めていた時期である。

当初めざしたのは、農産物が輸入自由化されてもアメリカに対抗できる大規模な集約的酪農だった。地域に認められるためにもトップになりたいと規模拡大に努め、８年目の84年には標津町で乳量ナンバー１を実現する。

だが、目標を達成した本田さんに疑問が沸き起こってきた。「規模拡大路線の延長線上に、何があるのだろうか」。周囲では、農協から廃業勧告を受ける小さな酪農家が増えていたのだ。

以前は搾った牛乳が少量であっても、輸送用の缶に入れれば集荷された。しかし、規模拡大路線の結果、各農場にバルククーラー（冷却機付き貯蔵タンク）の設置が義務づけられる。しかも、集乳車は１日100ℓ以上でなければ集荷しない。乳価が下がっていたこともあり、小規模酪農家は辞めざるをえなくなっていった。

一方で、飼育頭数が増えると、牧草を刈るのに大きなトラクターが必要になる。その購入資金を稼ぐために頭数を増やすと、新たに機械が必要になり、また頭数を増やす、という悪循環に陥る。

「規模拡大によって機械化が進み、酪農は非人間化され、家畜に負担がかかるようになりました。いのちを育てて、それをいただく酪農家に、いのちをつなげる視点がまったくなくなっていく。高く売れればいい、手放してしまえば後は知らないという、商品としての生産になってしまった。酪農家には消費者が見えないので、そうした状況が拡大していったのです」（本田さんと当初からの同志で、現在は専務の清水多恵さん）

近代畜産は、家畜が本来生きる環境を考慮して育てない。狭い空間に閉じ込められた家畜は、自らの意思で自由に動けない。また、法律で抗生物質の予防的な投与は禁止されているにもかかわらず、

清水多恵さん。人生の半分以上を興農ファームで過ごしてきた

成長促進の名目で使われている。

興農ファームでも、体を一回転させるのがやっとの小さな囲い(ハッチ)に仔牛を1頭ずつ入れて飼育していた。しかし、生後2カ月間ハッチで飼育すると、仔牛は上手に歩けなくなる。その姿を見た清水さんは疑問を感じた。

「生きていくうえで重要な役割を果たす足が弱ってしまうような飼い方でいいのでしょうか。人間が管理しやすいからハッチに入れるわけですが、そこで糞をしておしっこをして、人間が掃除するまで過ごすのだから、牛にとっては拷問に近い。こんな飼い方はおかしいと、強く思いました」

呼吸器を痛めないように、常に新鮮な空気が入る開放牛舎

本来の畜産への転換

そうしたなかで1990年、搾乳機を交換した際に業者の設置ミスで、牛の85%が乳房炎にかかって搾乳できなくなる。これをきっかけに、経営の柱を乳牛から肉牛(雄のホルスタイン)の肥育に切り換えた。ところが、その翌年に牛肉が自由化されて価格が大暴落し、経営危機に陥る。これは、九州を拠点とするグリーンコープの援助で乗り切った。

一般的な雄牛の肥育は、離乳まで粉ミルクと配合飼料を与え、離乳後はトウモロコシをはじめとする穀物飼料で育てる。そして、生後3カ月で去勢と除角を行う。

去勢すると女性化して脂肪がつきやすくなり、肉質も柔らかくなる。去勢していない雄牛は3K(肉が黒くて、硬くて、臭い)と言われる。除角とは、角を焼きごてで焼き切ること。テリトリー争いなどで牛が傷ついて商品価値が落ちるのを防ぐために行う。どちらも、近代畜産では常識である。

一方、興農ファームでは未去勢の雄を出荷し、除角もしていない。乳牛を中心にしていたころ、雄の仔牛を去勢せずに林に放牧し、約16カ月肥育して、試食会をしたことがある。結果は食肉のプロや外食関係者からも大好評で、育て方に自信をもったからだ。

「去勢した牛は脂がのりやすくなります。でも、脂肪には農薬などが一番残留しやすい。不必要なまでにサシが入った肉を食べる必要はないでしょう。牛肉の価値は良質のタンパク源にあると私たちは考えています」

ところが、未去勢の雄牛は、屠殺時の格付けに項目がない。つまり、通常は市場に出ないのだ。出しても規格外品扱いで、価格は非常に安い。

2000頭近くで飼料自給率は 85%

現在は、アンガス種の牛80頭、ホルスタイン種の牛1100頭、豚700頭を飼育している。

約15haの放牧地に放したアンガスは、夏はもっぱら牧草を食べる。ホルスタインは、風通しがよくゆったりとした開放牛舎で育てる。豚の飼育を始めたのは2003年。自家用に飼っていた豚を分けてほしいと請われ、本格的に取り組んだ。冬以外は柵で囲った放牧地を豚が走り回り、土に穴を掘って草を根こそぎ食べる。

飼料は、北海道内で手に入るでんぷん粕・カットじゃがいも・くず小麦・ビートパルプ・くず大豆・くず豆・おからを自家配合し、豚には味の決め手となるはね味噌や廃糖蜜(国産)を加える。輸入飼料はコウリャン、牛用のトウモロコシ、仔豚用の大豆粕のみ。全体の85％が国産、その90％が北海道産だ。手間はかかるが、通常なら廃棄されるものが多いのでコストを抑えられ、しかも健康にいい。

2000年ごろからは、ホルスタインの雄牛を減らし、アンガスを

アンガスの放牧地。ボスと序列が決まると、群れが落ち着く

主体とした経営に切り換えつつある。草の飼料効率を高めたいからだ。ホルスタインは短期間で搾乳できるように育てるために、穀物飼料を中心に与えて肉をつけるように品種改良されている。これに対して、アンガスは草だけでよく育つ。むしろ、大量の穀物を与えると脂肪がつきすぎて、肉の商品価値がなくなってしまう。

また、本田さんは飼料穀物の価格は今後さらに上昇すると見ている。そのときアンガスは強い。

「そもそも、穀物を大量に使う畜産は間違っている。本来は草で育てるべきだ。草は人間の食べ物とは競合しないしね。だから、草を効率よく肉に変えられるアンガスを増やしていきたい」

健康な家畜を育てる

薬剤は、病気になったとき以外は使わない。ただし、近年は購入する仔牛の体質が大きく変化し、薬剤なしでは対処しきれない状況が生まれている。

おもな原因は、初乳を与えられていない仔牛が多いことだ。初乳は生まれて24時間以内に親牛が最初に与える乳で、飲むと仔牛に免疫ができる。だから、仔牛を出荷する酪農家は、自分の家の後継牛となる仔牛には必ず初乳を与える。しかし、手放す仔牛には手間を惜しみ、生まれてすぐに親から引き離して粉ミルクを与える酪農家が非常に多くなったという。

初乳を与えたかどうかは血液検査で確認できる。そこで、抜き打ち検査を行い、「初乳を飲ませていなければ集荷しない」という確固たる姿勢を取る農協も一部にあるが、決して多くはない。

また、仔牛はいろいろな農場から集まるので、どんな菌をもっているかわからない。興農ファームに来てすぐに下痢したり、カゼから肺炎を起こしたり、早めに対処しないと死ぬケースも増えた。清水さんは、明らかに牛の体が弱くなっていると言う。

「何度も厳しい現実に直面して、薬剤を日常的には使わないという原則のもとでどう対処するか真剣に考えました。その結果、2006年からは仔牛が来たときに下痢やカゼ対策のワクチンを与えて、菌から守るようにしたのです」

豚は、一般的には5.5〜6.5カ月で約120キロに肥育して出荷する。経営効率を優先した結果だが、まだ成熟していない子どもに

親豚の寝返りで仔豚がつぶれることがあるので、授乳中は分娩房(柵)に入れる

すぎない。本田さんの言葉を借りれば「超小児肥満」の不健康な状態である。興農ファームでは８カ月かけて育てている。

牛や豚の健康状態は内臓で判断できる。短期間で肥育するために高カロリー・高タンパクの餌を与える。したがって、内臓に脂肪が付いて負担がかかるし、予防的に使う薬剤が内臓を痛める場合も多い。その結果、何らかの異常があると判断されて屠《と》畜場で内臓を廃棄する割合が上昇してきた。

最近では、牛で70〜80%、豚はほとんどが廃棄されているという。一方、興農ファームの場合は牛が30%弱、豚はほとんど傷みのない健康な状態にある。

「内臓がしっかりした牛や豚を育てれば、健康な肉になる。それを理解する人を増やすのが経営の要《かなめ》だと思う。もっとも、肉になると健康状態は見えないから、けっこうむずかしいね。自分たちが取り組む畜産を社会に広げていくことが大切だし、その結果として経営が成り立てばいい。儲かれば何でもありではないんだ。育て方が少しずつ変わり、自分たちの理想に近づいてきた気がする」(本田さん)

放牧のアンガスが教えてくれた

アンガスの放牧を始めて約10年が経つ。一時は手がまわらず、なかば野生化していたそうだ。牛の飼育責任者である清水さんは、2006年に１年間、毎日１時間以上、様子を見るために放牧地を歩いた。なかば野生化していたから、乱暴で人間を信用せず、最初は怖かったという。信用されるまでほぼ１年かかったが、発見が多く楽しい経験だった。

アンガスの食事時は早朝と夕方。観察するうちに、フキやヨモギが大好きで、アザミ以外の雑草は何でも食べることがわかってきた。清水さんはいま、クローバーなどの牧草の種を播くより、自然に生えている草を餌に、飼育できないかと考えている。

「病気の牛には草を多めに与えると、食欲が出て回復します。自

興農ファーム前に立つ看板。研修生も受け入れている

然の草を食べる姿に戻せれば、ストレスがなく元気に育ち、美味しい肉になるでしょう。人間が余計なことをする必要はありません。どんな餌を求めているか。施設の中で育てる場合は、どうしたら自然な状態に近づけていけるのか。私はそれらをすべて、アンガスに教えてもらいました」

現在の敷地は137haで、アンガスの放牧地は15ha。十分な量の牧草を確保するには30haが必要だ。そこで、町有林を借りて下草を食べさせたいと、標津町と交渉している。

「これまでの積み重ねも、いま思えばほんの入口です。やっと面白味を感じられる畜産に移行できるところにきました」

生産者が手がける加工の意義

興農ファームでは、牛や豚の解体とソーセージやベーコンは専門業者に委託しているが、コロッケやメンチカツは、農場内にある加工場で作っている。

「一般の畜産農家は牛や豚を生きたままトラックに載せて出荷して終わりです。でも、厳しい言い方をすれば、自分の商品を大切にしていない。それがエスカレートしていった結果が、食品偽装でしょう。私たちは、誰が育てたのかわからない形では販売しません。加工場があるから、自分たちの商品を大切にする気持ちが生まれました」(清水さん)

育てた牛や豚を自分たちの手で加工して流通業者やお客さんに直接届けることで、食べる人の顔が見えてくるし、安心感を伝えられる。ビジネスの面からは経営を安定させる効果をもたらす。

たとえば、豚を生きたまま売ると１頭４万円が上限だが、加工すれば７万5000円程度の売り上げになる。もちろん手間や経費はかかるが、利益率は高い。自ら加工することで、国産飼料の調達費用、電柵の電気代や電柵の下に生える下草の刈りこみなど放牧にかかる経費を吸収できる。

そして本田さんは、加工とは牛や豚の食べ方の多様さの提案だと考えている。骨やしっぽの先はカレールーのスープ用に、軟骨は煮て味付け、脂身は溶かしてラードにする。ふつうはほとんど食べない部分も加工して出荷し、口にする機会を増やす。それが食生活を豊かにしてくれる。

地域への広がりをめざして

年間売上高は約5億で、販売比率は牛精肉63%、豚精肉21%、内臓8.1%、加工品5.6%、皮・青果など2.3%だ。これまでは前述のグリーンコープ、オルター(大阪府)、大地を守る会(首都圏)など、北海道外の生協や宅配事業体が中心で、標津町での販売はあまり意識してこなかった。

しかし、標津町で畜産に携わるほとんどは酪農家。肉を食べたければ買うしかない。口コミで聞きつけて、買いにくる人が増えてきた。そこで、町の協力も得ながら直販の準備を始めている。岩見沢市では学校給食に取り入れてもらったので、標津町にも働きかけている。本田さんの構想はさらに広がる。

「標津の街に加工場を造りたいと思っている。1階を加工場と肉屋さん、2階は興農ファームの肉と畑の野菜を使うレストランにする。いずれは乳牛を30頭程度導入し、穀物ゼロで育てて牛乳を搾りたい。与える草の質がよければ、アトピーの子どもが飲める牛乳になるからね。それを、共同購入グループのメンバーに分けたり、レストランで飲んだりできるようにするんだ」

興農ファームでいま働いているのは、男性9人、女性15人。精肉工場やレストランを造れば、さらなる雇用が生まれる。

「ただ、ぼくは現場や経営を担える人材を育てられていない。それが最大の失敗。これからの課題と思っている」

2005年に「農を変えたい！全国運動」をとおして、茨城大学の中島紀一さんと出会った。語り合うなかで確信が深まったという。

「地域資源の有効活用によって、地域に新しい雇用を生み出す産業を育成できる。その重要な軸となるのが農業をはじめとする第一次産業だ。そうした事業が継続できれば、地域は元気になっていく」

本田さんは、「地域のためにできることは数多くある」という信念で日々活動を積み重ねている。

〈吉野隆子〉

第1章

1 誰もやらなかったことをやる

農業に革命を

ベルグアース（愛媛県宇和島市）

農業で生活できるように変える

農業の役割、責任とは何か？

農業者の使命は何か？

私は安全で安心できる食料の安定的な供給が最大の役割であり、使命であると考えている。その結果として自然や文化が守られる。

最近の地方では、秋の収穫を感謝する秋祭りすら開催がままならない状況も多く見受けられる。それは、生命を維持するための食料を生産する農業では生活できないからである。私が暮らす愛媛県で認定農業者に対して実施したアンケート調査（2008年）では、後継者がいると答えた農業者はわずか31%だった。3戸に1戸しか担い手がいないのだ。これは、国民一人ひとりが真剣に考えなくてはならない大きな問題である。

たしかに一般の人びとの農業に対する理解は不足しているが、農業者の努力も足りない。農業はいま変わらなければならない。単に守るだけではなく、斬新な取り組みが必要である。農業技術のイノベーションのみならず、農業の仕組み自体を考え直すときだろう。

兼業農家の長男として1957年に愛媛県津島町（現・宇和島市）で生まれた私は、人生を農業にかけることが定めのようだった。朝は早くから豆腐を作り、夜は遅くまで農作業をしている両親に育てられながら、子ども心に「こんな生活はいやだ！農業でいい暮らしができるようになりたい」と思ったものだ。

農業の大変さを実感しつつ、父が手掛けるトマトやキュウリなどの施設園芸に可能性を見ていたのかもしれない。小さな種が芽を吹き、少しずつ大きくなり、やがて花を咲かせて実を結び、収穫する喜びを感じながら、生活のために豆腐作りをしている両親がいた。

私はそれを一生懸命に手伝うなかで、頑張っても、頑張っても、労働に対する報いの少ない農業を変えなければならない、と思うようになる。変えるためにはどうすればよいのかを常に考えながらチャレンジしてきたのが、私の人生である。

大きな挫折を経て苗の受注生産へ

農業高校を卒業した私は、兵庫県の大規模花卉栽培農家へ９カ月間の住み込み研修に行った。１日の休みもなく、ひたすら働く日々である。そこで、栽培技術はもちろんだが、これからの農業はどうやって販売するかが非常に大事だと教えられた。いまでいうマーケティングの発想である。

当時そのように言う人は数少なかった。農業にもっとも欠けていた点を私は学んだのである。彼は私にとって、かけがえのない恩師のひとりだ。

研修を終えた私は、20aの水田と少しばかりの段々畑から農業を始めた。そして、規模拡大を考える。夢のような５カ年計画を作成し、農業総合資金（制度資金）を借りて、15aの農地と10aのビニールハウスを600万円で取得した。

「これで農業で生活できるぞ！」

一人前の農業経営者になったつもりで、私は研修先で学んだ花卉栽培に取り組んだ。だが、世の中はそんなに甘くない。規模拡大とともに品質が低下していく。しかも、販売が大事だと教えられたにもかかわらず、消費地の状況を考えずに（マーケティングをせずに）たくさんの花を出荷した。当然ながら、思惑とは裏腹に収入は上がらない。

経営は悪化して、資金繰りもままならなくなる。気がついてみれば、売り上げが年間1000万円もないのに3000万円の借金をかかえ、破産状態に陥った。まさに、人生の岐路である。農業を続けるかどうか、そもそも続けられるのか。家族で話し合い、母親からは泣きながら、「農業をやめてくれ」と言われた。

両親を楽にさせたくて、農業での成功を夢見ていた私は、期待を裏切った自分自身がみじめでならなかった。それでも、諦めたくないという気持ちと農業に対する思いは変わらない。周囲の人たちに応援していただき、現在の野菜苗事業へと大きく方向転換した。1986年の４月である。

こうして野菜苗の受注生産を始めた。ちょうど米の減反政策が広がり、野菜作りをあまり経験していない人たちが盛んに野菜を栽培するようになっていた。愛媛県では、米に替わる換金作物として、夏秋キュウリの栽培が普及していく。そこで問題になったのが苗作りだ。

植物の一部を切り離して、別の植物とつなぎ合わせ、新しい植物にする接木という技術がある。これを利用して、美味しくてたくさんの実がなる苗と、連作障害や病害虫に強い苗をつなぎ合わせたものを、接《つ》ぎ木苗という。しかし、それを育てるには多くの手間と技術を必要とした。

折から、規模拡大がすすむとともに、自家消費用の需要も増加。キュウリ、トマト、ナス、メロンなどの接ぎ木苗の供給が追いつかないほどになる。私は「よい苗を、いつでも、どこでも、いくらでも」をモットーに、需要に応えるために必死で働いた。

野菜の苗は生ものである。受注した数量を一定の品質で、納期どおりに納品しなければならない。販路は、地元の津島町から愛媛県、高知県、四国全域、そして宮崎県、九州全域、さらに、関西、全国へと広がっていく。

しかし、家族ともども、休みなく夜遅くまで働いても、限界がある。責任をもって仕事する人材を

宇和島市の本社にある育苗ハウスで栽培されるトマトの苗

育てなければ、注文に応えられなくなった。

生産のマニュアル化

その結果、1996年に有限会社山口園芸を設立。さらに、2001年にその研究開発部門・企画部門・販売部門を分社化して、ベルグアース株式会社が誕生した。最初から、株式会社化を考えていたわけではない。急激な需要拡大に対応するために、必然的にそうせざるをえなかったというほうが正しいだろう。

当時の農業では、デスクワークは農作業が終わってからやるのが当たり前で、それは仕事ではないという考え方が一般的だった。苦労したのは、この考え方の変革である。「お金にもならないのに事務所で何をしているのか」という声が、生産現場から多く聞こえてきた。

それでも、専務である妻は、家事をこなしながら事務的仕事を行い、時間を見つけては作業現場に顔を出し、身を粉にして働いた。その甲斐あって、徐々に多くの人たちが認めてくれるようになる。直接部門(生産)と間接部門(管理)の適切な分離は、今後の農業にますます求められていくだろう。

次に取り組んだのは、私がいなくても苗が作れる生産現場にすることだった。「社長が死んでも苗が作れる会社」である。

育苗の工程は、お客様の注文に対して、種の発注・播種・一次育苗・接ぎ木・二次育苗・出荷から成り立つ。その間、育苗日数・播種時の覆土・接ぎ木技術のすべてが品目・品種・規格により異なる。そうしたノウハウを伝え、各部署での情報の集約と生産管理システム・販売管理システムを反映したマニュアル化をすすめた。そして、工程ごとに責任者を育て、責任と権限を与えていく。

この結果、技術と生産性が向上し、よい苗を数多く一度に生産できるようになった。これは、当初の花卉栽培で品質を落とした苦い経験があったからこそ、うまくいったのだろう。

そして、生産計画、工程管理、品質管理に分けて、若い社員が中心となって生産管理・委託管理・農薬管理・販売管理・WEB受発注のシステムを開発した。現在は、受注、苗の生産、発送までを生産管理システムで管理している。

また、それを販売管理システム

とつないで、クレーム情報を生産現場に活かしてきた。クレームへの対応は一般に、農業者がもっとも苦手としている。自然の影響や鳥獣被害を受ける農産物は、品質や数量の変動が当たり前のように起こる。結果として、農業者がクレームに対して責任を負わない場合も多く見受けられ、消費者の信頼を失ってしまう。

それを避けるには、できるだけ事前に生育状況と予定納期を開示して、顧客の期待に応えていく必要がある。そのためにも、生産管理的な発想を現場に取り入れなければならない。

現在の事業内容は、以下の５つである。

①野菜苗の生産・販売
②種苗・農作物の仕入販売
③農業用機械器具・園芸用資材の製造仕入れおよび販売
④バイオテクノロジーによる研究開発
⑤農業生産に関するコンピュータソフトの開発および販売

社員数は174人(男性43人、女性131人)で、本社は愛媛県宇和島市。そのほか、長野県東御《とうみ》市と岩手県花巻市に農場がある。また、連携農場は９道県に及ぶ。苗の年間販売本数は約2200万本で、日本一だ。

ニーズに合わせ思いをこめた商品開発

もちろん、商品や技術の研究開発にも力を入れてきた。農業においても、旧来からの技術に加えて、新しい技術や独創的なアイデアを商品開発に活かすべきである。農業現場を知り、農業への深い思いがあればこそ、新たな商品が開発できるはずだ。ここでは当社の独自商品を二つ紹介しよう。アースストレート苗とヌードメイク苗で、いずれもキュウリ・トマト・ナスがある。

私が農作業の手伝いをしていた子どものころ、辛くしんどい作業のひとつに野菜苗の定植作業があった。大きなポット苗をハウス内に運び、一つひとつ丁寧に植え込む。そして、通路に散乱した空ポットを一つひとつ拾う。もっと簡単で楽な作業にならないだろうかという思いが、1998年にアースストレート苗を生み出した。

根を生分解性の不織布で包んでいるので、畑に直接植えられる。定植の手間がかからない。鉢から抜き取らないので、根が痛む心配

根を生分解性の不織布で包み、そのまま定植可能なアースストレート苗

もない。また、生分解性の鉢なので、ポットを廃棄する必要がない。出荷箱はすべて紙製で、環境にやさしい苗である。

さらに、苗の大きさを変えずに従来のポットよりも培土を少なくし、梱包も工夫して、1本あたりの運賃を下げた。2000年にはヒット商品として全国で販売され、当社の全国展開に大きな力を発揮する。

私の経験では、思いのある商品は必ずその思いが顧客に伝わる。ただし、そのためにはしっかりした技術の裏付けが必要だ。

2000年に開発したヌードメイク苗も好評だ。「技術を裸にしますから、あなた好みでメイクアップしてください」という意味で、こう名づけた。

ヌードメイク苗は、断根接ぎ木をした苗をそのまま(培土をつけずに)届ける。根、土、ポットがついていないから、輸送コストを圧倒的に下げられた。通常のポット苗の実に70分の1である。また、顧客が培土、肥料、農薬など大部分の栽培管理を行うので、お好みの姿に育てられる。

近年は、トマトのe苗シリーズ、化学農薬に頼らない微生物や天敵昆虫を利用した商品開発も手掛けている。こうした時代のニーズに応える商品の提案が農業の発展に

断根接ぎ木後、即お届け。輸送コストを極限まで削減したヌードメイク苗

左：閉鎖型苗生産施設の内部。ここでｅ苗シリーズが作られる
右：無農薬育苗や光・水・温度・CO_2 の環境制御可能な閉鎖型苗生産施設の外観

欠かせない。

ｅ苗シリーズは、2006年４月に宇和島市に建設した日本最大級の閉鎖型苗生産施設だからこそ作れる、次世代型のいい苗＝ｅ苗だ。完全に外の環境から隔離された空間内で、光・温度・CO_2 などを人工的にコントロールし、病害虫の侵入を抑えて、無農薬で苗が育てられる。生長力も旺盛だ。

後者には、キュウリやトマトのうどんこ病を予防する納豆菌を利用した水和剤（水で薄めて使う）、害虫のアザミウマを防ぐダニやカメムシなどがある。

人材と資本を農業にこそ投入すべき

農政には、これから農業を真剣にやっていこうと思う人たちが夢のもてるビジョンが必要だ。兼業農家や小規模農家を切り捨てずに、自立できる農業者や農業法人や農業企業を育てる政策が望まれる。そのためには、守るだけの農業ではダメだ。可能性の芽を育て、農村を開いていく農政でなければならない。

農業経営の観点から考えると、人材や資金の調達をより容易にしていくことが重要である。

たとえば、現在は農業生産法人の業務執行役員の過半数が、法人の農業や関連事業に常時従事（原則、年間150日以上）しなければならない。また、農業生産法人を株式会社とする場合は、株式譲渡制限会社に限られている。したがって、株式上場できず、株主からの資金調達が行えない。しかし、個人より法人のほうが継続的・計画的に事業活動を行いやすいし、社会的な責任も果たせる。

そして、農業に人材と資本をも

っと投入すべきである。今後の農業にとって大切なのは、規模の大小ではない。消費者のニーズを的確に捉えて、安全で安心できる食料を計画的に生産し、安定供給することである。

そのためには、農業者が考え方を変えなければならない。個人の営農スタイルにとどまらず、人間が生きていくうえでもっとも重要な食を担う農業をどうしていくかを、広く議論する必要がある。同時に、農業で生活できない多くの農家が存在するという現実を、多くの人に理解してほしい。

最後に、私の信条を列記する。これを通じて、私の農業や地域への思いを感じていただければ幸いである。

為せば成る、為さねば成らぬ何事も、成らぬは人の為さぬなりけり。

不利を有利に変える。

不便を便利に変える。

あるものは使い、ないものは何とかする。

アグリイノベーション。

プロダクトイノベーション。

農業で飯が食えるようになりたい。

農業に革命を。

〈山口一彦〉

閉鎖型苗生産施設での育苗状況を確認する筆者

第1章

1 誰もやらなかったことをやる

トマトとメロンの直売で年商9000万円

横山農園（愛知県豊明市）

わずか2畳の直売所

名古屋市のベッドタウンとして急激な都市化・混住化が進んでいる愛知県豊明《とよあけ》市。その市街地の幹線道路から少し奥まった場所に、プレハブ小屋のような小さな農産物直売所がある。

売り場は、わずか2畳程度。奥は、畑から収穫してきたトマトやメロンの出荷調整をする作業場になっている。春から夏にかけては、大量のトマトがところ狭しと並べられ、作業場を真っ赤に染める。

ここが、年間約2万個のアールスメロン（マスクメロン）と約110tものトマトを売り切る横山農園の直売所だ。家族農業を基本に、常時雇用2名、パート4名という、こじんまりとした経営ながら、インターネット販売も含めてメロンとトマトだけで売り上げは約9000万円にも上る。

「たいした直売所じゃないんですよ。以前、テレビ局が取材に来たとき『本当にここで売れますか？』と聞かれたくらいです」と園主の横山賢一さん（1951年生まれ）は笑う。

横山さんは、農地1ha、ガラスハウス11棟で、メロンとトマトを栽培している。ほとんどをこの直売所で販売し、市場出荷はゼロ。現在、新直売所を建設中だが、「作業場が見える、いまの形は変えません。ここで生産していると視覚でわかってもらわなければ」。

市場出荷時代の作業場を改装した横山農園の直売所

露地栽培から施設園芸へ

以前の横山家の農業経営は、白菜を柱にした野菜の露地栽培。経営面積は約1haで、1970年ごろは十分に生活が成り立った。しかし、安城農林高校を卒業後、アメリカ・カリフォルニア州で1年間の研修を受けて戻ってきた横山さんは、父親とは別に、施設園芸の道を選んだ。72年に近所の農家から20aの農地を借り、ハウスを建ててトマトの栽培を始める。

「研修先の農家は200ha規模の経営でしたが、それでもアメリカでは吹けば飛ぶような小規模農家。日本とは全然ケタが違う。こんな狭いところで露地の百姓やっていても、先々見込みがないと思った。施設園芸が花形になり始めたころだったので、ハウスを造ってトマトでもやるかと」

ただし、周囲に施設園芸でトマトを栽培する農家は皆無。未経験で挑戦したものの、1年目はみごとに失敗する。技術習得の重要性を痛感した横山さんは翌年、トマト栽培で評価の高い三河地方の農家に日参して技術を教えてもらい、栽培を軌道に乗せた。トマトの収穫が終わりにさしかかる夏に収穫期を迎えるメロンとの輪作体系も確立していく。

当初はトマトもメロンも全量を市場出荷した。横山さん自身が、トラックで運んだ。ただし、トマト農家は他にいないから、JAに品目部会はなく、共同出荷はできない。個人出荷では市場で二束三文で買いたたかれるため、出荷用段ボールには「共同出荷組合」の名前を刷り込んだ。

当時はどちらも市場相場が高く、就農から8年目の80年には栽培面積を50aに拡大してハウスを増築するほど、経営は順調だった。

市場相場の低迷で直売に転換

ところが、1980年代なかば以降、生産資材の高騰と市場相場の低迷で、利益率がどんどん下がっていく。

「栽培する作物を転換しようかと、バブル期に好調だったコチョウランやバラの農家、花市場も見に行きました。しかし、また一からやらなければならない。迷ってグズグズしているうちに、利益はどんどん圧縮されていく。あのときは本当に悩みました」

このままでは経営がたちゆかない。歯がゆい思いでいたとき、夕食の席で父親がポロリと「売ってみるか」とつぶやいた。そのとき横山さんの頭に浮かんだのは、隣接する日進町（現・日進市）でブドウを栽培している２軒の農家仲間だった。

「このあたりでは産直などほとんどなかった時代ですが、彼らは70年代から直売をしていた。就農したときから『なんであんなに売れるのかな』と思って見ていたんです」

高級感のあるメロンを庭先で直売している農家はいない。ブドウが売れるなら、メロンも売れるかもしれないと横山さんは考えた。とはいえ、市場出荷100％だったから消費者とのツテはない。とにかくやってみようと、89年に新聞の折り込みチラシを１万枚ほど撒いてみた。価格は１個2000円。これには理由があった。

「市場に出していたとき、一度だけ１箱１万円（１個2000円）の値がついた年があるんです。直売を始めたころは5000円台まで市場相場は下がり、ストレスがたまっていた。そこで、『どうせ売るなら、思い切ってストレスのない値段にしよう。それでダメなら市場出荷に戻ろう』と、なかば開き直って付けた値段です」

直売するスペースもなかったから、実家の離れの縁側に青いビニールシートを張って、即席の売り場を設けた。文字どおりの“庭先販売”である。一か八かの試みだったが、「意外に売れるものなんだなと思った」そうだ。

１個2000円という価格は、生産者にとっては「思い切った価格」でも、デパートに並ぶ高級マスクメロンの小売価格と比べれば半値以下だ（現在の平均は１個1500円）。消費者にとっては、決して高くない。このギャップは、日本の青果物流通とデパートのマージンがどれだけ高いかを表してもいる。

農産物から商品へ

日本の食品産業の国内産出額、つまり食の市場規模は、2006年度で約86兆円。ほぼ国家予算に等しい。ところが、国内農業の総産出額は８兆2000億円で、１割にも満たない。では輸入食材が多いかというと、同年の輸入農水産物は７兆2000億円だ。農産物が農家の手元から離れ、市場を経由して小売店や外食産業に渡り、消費者の口に入るまでの間に、実に約

70兆円が消えているのである。

農家が市場出荷して得る生産者価格は、末端の小売価格の２割弱といわれる。農産物を生産する農業よりも、右から左に動かす流通産業が、日本では圧倒的に利益率が高い。言い換えれば、農家による直売は、農家自身が流通・小売業を行うことで、流通に偏る利益を獲得するという大きな意味をもっている。

「市場は昔から無条件委託で、出荷者は自分で値をつけられない。もともとそういう場ですから、文句を言っても仕方がない。末端の大手量販店が価格競争して小売価格を下げれば、一定の利益率を確保するために仕入れ価格を下げる。それが正しいかどうかは別にして、そのシステムに不満があるなら、他の売り方を考えるしかない」

はじめて縁側でメロンを直売した1989年、横山さんは大学ノートを１冊用意して、買いに来たお客さんに「よかったら連絡先を記入してください」とお願いした。メロンの販売が終わると、トマトの販売が始まる。それを知らせるダイレクトメールを送るためだ。約200人が住所を書いてくれた。

「当時は、トマトが直売で売れるとは思わなかったけれど、200人分のリストが集まったし、試しにダイレクトメールを出してみたんです」

トマトの価格は、１kg平均550円（高値で700円）。市場価格は、当時で300円台、現在は200円程度だから、生産者から見ればこれも実に思い切った価格である。

しかし、消費者価格は露地トマトが出回る夏を除けば１kg 500～700円。消費者にとっては「ふつうのトマトより、ちょっとだけ高い」程度にすぎない。品質さえよければ、つまり美味しければ、十分に受け入れられる価格だった。

価格を決める前、横山さんは妻の治美さんと近隣のスーパーを回り、トマトを買っては自分たちのトマトと食べ比べながら、価格設定を考えたという。生産段階での「農産物」は、値段がつけば「商品」に変わる。川下の消費者の評価をあおぐ小売価格での勝負に出たときから、横山農園の視点は変わった。

販売量から逆算して規模拡大を図る

翌1990年、横山さんは、市場

品種は昔ながらのファストトマト系。顧客の反応で栽培品種を決める

出荷のときに使っていた作業小屋を直売所にして、本格的に直売に乗り出した。3年間は、売り上げのほとんどを、新聞広告やチラシ作成、DMの郵送シールの購入につぎ込んだ。

「3年で生産量の約8割を直売できるようになり、全量が売れるまでにもそんなに時間がかからなかった。それからは、売れる量が増えたら、その分だけ生産量を増やす形で規模を拡大してきました。基本的には売れる分だけ生産するスタイル。それを崩したら、経営が成り立ちにくい。利益率を考えないでむやみに規模拡大するなら簡単ですよ。でも、それでは意味がないでしょう」

この横山さんの言葉は、日本の多くの農家がかかえる問題を端的に表している。

「コスト削減」のために「規模拡大」をせよ、というのが、戦後の日本農政の一貫した方針だ。だが、現実には、米でも野菜でも、中途半端な規模拡大をすれば、新たな機械導入が必要になったり人件費が増えたりで、逆に利益率は下がる。機械費や人件費の上昇をカバーできる規模拡大でなければ、かえって経営は悪化するのだ。

しかも、米は食糧管理法、野菜

は卸売市場法によって、農家は長らく自由売買を実質的に禁止されてきた。小売市場から分断され、消費者の姿が見えない状況で、「量を作ればお金になる」という感覚で生産に専念してきた農業者は多い。実際、80年なかばまで、青果の世界は「作れば売れる」時代が続いていた。

しかし、食のグローバル化が進み、90年代以降は、中国産をはじめ安価な輸入野菜との競合が激しくなった。外食・中食産業のシェアが伸び、新たな加工・業務用規格の野菜が求められ始める。

小売市場の動向が見えないままに生産を続けた農業界は、そのなかで出口を見失っていく。「顧客をつかみ、売れる分だけ利益率を考えて作る」という経営感覚をもつ農家は、いまでもごく一部にすぎない。

横山さんは直売に本格的に取り組むにあたって、ターゲットとなる購買層をしぼった。フルーツトマトのような高価なトマトを望むごく一部の消費者をターゲットにすれば、単価は高い。だが、フルーツトマトの収量は低く、栽培リスクも高い。むしろ、一般に販売されているより少し高い程度の品質を求める購買層に売るほうが、利益率が高いと考えた。

一言で「消費者」というが、農家が兼業から専業までいろいろなのと同じように、消費者もさまざまである。どんな相手をターゲットにするかで、求められる品質や価格は異なる。戦後、長らく売り手市場が続いた日本の農業界には、そうしたごく基礎的なマーケティングの常識がなかったともいえる。

まめなDMやサービス

もちろん、顧客に買い続けてもらうための仕掛けも考えた。当初200人だったDM用リストは、いまでは1万人に増えている。遠隔地から宅急便での配達を頼む消費者のリストを加えると2万人だ。

横山さんは、直売所を訪れる1万人の顧客に毎年、販売時期になるとDMを送る。トマト販売は10月から6月まで。まだ販売量は多くない10月には、「販売が始まりました」というDMを販売量に見合う程度の人数に出し、収穫量の増加に平行して、郵送数を増やしていく。

販売量が落ちる正月明けは“バラの花束作戦”に乗り出す。2000

円の買い物でスタンプを１個押し、30個（６万円分）たまってカードがいっぱいになったら、バラの花束をプレゼントするというサービスだ。花束を受け取りに直売所を訪れた顧客が、またトマトを買ってくれる。

花束は、一色町の知人のバラ農家から、バラの花10本とかすみ草をブーケにしたものを仕入れる。「もらったときに『いいものをくれた』と思われるものでないとダメです。そのへんに放り投げられるようなものでは、全然インパクトがありません」

生産量が増えてくると、それに見合った人数にDMを出す。ハウス全棟のトマトの出荷が始まる３月後半からは、週末をねらって１週間に３万～４万枚規模で新聞の折り込み広告を入れる。これは、顧客の新規開拓にもつながる。

さらに、生産過剰になったときの需給調整機能として、02年からは、トマトジュースやトマトケチャップなど加工品の製造・販売も始めた。製造は長野県の工場に委託し、設備投資は避けた。

「加工品は、あくまでも需給調整。利益はあまりないが、損益も出ないという程度です。生産・加工・小売を包括する農業経営は、農業の六次産業化といわれてもてはやされていますが、加工はリスクもある。よほどのヒット商品が出ないかぎり、その部分で利益を上げるのはむずかしいと、私は思っています」

農業の基本は「ものづくり」

こうした販売戦略が、地域密着型の直売を成功させた要因だが、その販売を支えるのは、当然ながら、リピーターをつなぎとめてきたトマトそのものの価値である。

「農家は技術屋です。販売までこなす経営者ではあるけれど、いいも

トマトとトマト加工品が並ぶ店頭。最盛期は１日60万円以上を売り上げる

のを作らないと売れない。消費者ニーズに合い、繰り返し買ってもらえるものを作り続けられるかどうかの技術が基本です」

直売に転換して以降、横山農園では、顧客の声を聞きながら栽培方法や品種を選択してきた。品種はスーパーファスト。現在のトマト市場は、桃太郎という品種系統がほぼ9割を占め、ファストトマト系は希少価値だ。

桃太郎が登場したとき、横山さんも1年だけハウス1棟を桃太郎に転換した。ところが、販売してみると、桃太郎を選んだ顧客は3割だったという。そこで、再び全量をスーパーファストに戻した。

ファストトマト系は、かつて市場を席巻した、お尻がツンと尖った品種である。桃太郎が取って代わったのは、糖度が高いうえに、形が丸く皮が固いため傷みにくく、機械選果と遠隔流通に向いているからだ。ファストトマト系は身が柔らかく、遠隔流通には向かないが、完熟状態で収穫し、直売する分には、まったく問題がない。

施設トマトで主流になっているマルハナバチを使った交配も、やっていない。人間が花芽ひとつずつに着果作業をする、昔ながらのホルモン処理だ。

「1年だけ導入してみました。農家にとってはラクでいい技術。ところが、お客さんがみんな『今年のトマトはすっぱい』と言ったんです。いくら農家がラクしても、売れなければ意味がない」

ホルモン処理では、酸味の強い種のまわりのゼリーを未成熟にして、糖と酸のバランスをとる。しかし、マルハナバチを使うとゼリーがしっかり発育し、とくにファストトマト系では酸味が強くなっ

「農業の基本は技術」と横山さん。顧客の声をフィードバックできる栽培技術が大事だ

細かな水管理でトマトの水膨れを防ぐため、培地には隔離ベッドを利用する

てしまうのだという。

さらに、トマトの水膨れを防ぐため、隔離ベッドで栽培する。形と重量が勝負の市場と違って、直売所は味の勝負。

「市場に出すなら、水膨れさせて形が崩れない大きなトマトを作る。でも、直売所のお客さんが求めるトマトは違う」

隔離ベッドを見たことのない読者は、大きなプランターを並べてトマトを育てていると思えばイメージしやすいだろう。一見、非常に人工的な栽培方法に見えるが、実は、土耕栽培とそれほど変わらない。栽培が終わると、ベッドにバーク堆肥を入れたり、ソルゴーなどのイネ科植物を植える。こうした土耕栽培と同様の輪作体系と土づくりをしながら、何年も使い続ける。

違いは水管理の方法だ。隔離ベッドの場合、土壌中から水が上がってこない。毎日こまめに、成長段階に応じて必要な水分と液体肥料を灌水チューブで供給して、トマトが吸収する水分をコントロールする。だから、日々のこまめな水管理が欠かせない。

「いいもの」の基準が、市場と直売では異なる。自分が買ってほしいと思う顧客の声を生産にフィードバックさせる技術こそ農家の重要な条件だと、横山さんは考えている。

自立した経営者をめざしてほしい

アメリカで大規模経営が成り立つのは、雨が少なく、大型機械を駆使でき、ヒスパニック系の安い労働力が確保できるからだと、研修時に実感した。

「日本の農業は、そこに対抗しても勝てない。中国と対抗しても勝てない。すきまを縫っていくしかない。日本の農業のあり方は、すきま産業なんですよ」

日本人の味覚が今後も繊細であれば、高品質の農産物を生み出す日本農業は残っていけるだろう。それだけに、アメリカの食料戦略でパンと牛乳の学校給食が普及し、ハンバーガーなどのファストフードが席巻して、若い世代の味覚が変わりつつある現状に、横山さんは危機感を感じている。

「子どもたちの食育は、その意味でも大切だと思います。同時に、食料と環境を支える農業という産業の大事さも、小学校できちんと教えてほしい。

私は地域密着型の施設栽培をしていますが、マクロの視点では、食料自給率をどう上げるか考えるべきです。そして、これから農業をめざす人は、なによりも経営者としての意識をもち、自立していかなければならない。経営という意味では農業も工業も商業も同じ。その姿勢が大切だと思います」

補助金を使うなというわけではない。補助事業を受けるにしても、JAや行政に言われたままではなく、あくまで自分自身の経営をベースに、どう利用するかという視点で、主体的に経営計画をたてることが必要だ。

ただし、経営者に向くタイプもあれば、雇用されて働くのに向くタイプもある。「そこを自分自身で見極めないと苦労すると、相談に来る人たちに話しています」と横山さんは言う。

ちなみに、経営者としてもっとも必要な資質は開き直りだそうだ。たとえば栽培に大失敗して極端な減収になったとき、苦境に立たされたとき、最後は「仕方がない、次がある」と気持ちを切り替えられる力。そこで開き直れないと、心が病んでしまう。実際、経営悪化で精神疾患を患った農業経営者は少なくない。

「私たちの時代は、農家は朝から晩まで働くのが当たり前。うちも、直売所をやるまでは、まったくの家族労働で、家庭生活にしばしば仕事が割り込みました。しかし、すべてを家族でかかえず、雇用もしながら、家庭と仕事をきっちり分けるような働き方でなければ、後継者は育たないでしょう。新規就農した若い研修生もいます。古い農業観が染みついていない彼らが、20年後には一流の農業経営者になっているかもしれないですね」

〈榊田みどり〉

第1章

1 誰もやらなかったことをやる

ビジネスが世界観の表れでなくて何とする

本来農業の基盤

本来農業は、自己実現だけのためにあるのではない。得られる所得(カネ)を自分の現世の人生につぎ込むことを当然と考えるなら、田畑や村を開き、土を肥やした先人にも対価を払うのが当然だろう。さらに、太陽や空気や水や生きものなどの自然にも対価を払わなくてはならない。

先祖はちゃんと祀っているし、水利費も払っていると抗弁するなら、罰が当たるだろう。

あなたが生み出していると自負する生産のうち、どれほどが先祖・先人の力で、どれだけが上流の山の力で、どれほどが自然の力か、計算したことがあるだろか。

そういう計算をしようともしない程度の農業なのに、所得を自慢したり、自己実現のための所得目標を掲げたりするのは、やめたほうがいい。

先祖・先人へのお礼と自然へのお礼は、農業の再生産によって行うのが本来の農業の筋であり、誇りであった。しかも、その農業の再生産とは、数百年後まで見通したものである。

開田した先人にとって、その費用は現世で償却できなくてもかまわなかった。山に木を植えた先祖にとって、山の手入れの実りは自分の代で味わうことがなくてもよかった。なぜ、百姓たちはこういう感覚を抱いていることに、何の不思議も感じなかったのだろうか。

全国各地に、「百姓は稲をつくらず、田をつくる」という言い伝えがある。私たちは農業の歴史のなかで、はじめて「稲(作物)をつくる」と言い始めた世代だ。

しかし、少し頭を冷やして考えてみればわかるが、百姓は米の一粒も決してつくれない。稲が自らの力で、天地のさまざまなめぐみを受けとめて育ち、少しばかり手入れをした百姓に身を捧げた姿が、米である。

だから百姓はずっと、米は「できる」「とれる」と表現してきた。それなのに、工業生産と近代的な科学の影響を受けた現代人は、そういう世界観や自然観を棄てようとしている。

「土をつくる」にしても、栄養補給や品質向上のために「つくる」のではない。自然のめぐみをしっかり受けとめる母体として、数百年後も持続するために「つくる」のであり、工業的な「作る」とは本来違う。ところが、工業の概念に浸食されるようにして、意味を変質させてきた。

現世を越えて、過去と未来への思いを失わないのが、本来農業の経営であり、ビジネスである。過去からの豊かな贈り物をさらに豊饒にして未来に送ることが、もっとも重要だ。その過去や未来は、自分の一族ではないかもしれない。それでもよしとする。

外部に広がる価値

空豆やエンドウ豆が食卓に上がりだすと、夏がもうそこまで来ていると実感する。豆の自然からの香りが、季節を食卓にまで届けてくれる。

もちろん百姓は、後作に何を作付けするかに思いを馳せる。あの夏の暑さが今年も訪れるのかと、すこしうんざりし、それでも安堵する。消費者なら、空豆やエンド

畔に吹いた彼岸花。畔草刈りという百姓仕事のめぐみだ

ウ豆の花を求めて飛ぶモンシロチョウの畑を思い描くだろうか。あるいは、どこで採れた豆だろうか、どんな百姓がどういう手入れしているのだろうか、今年の出来はどうだったのだろうか、と想像するだろうか。

ところが、現代の食卓では、そんな情緒的な世界に遊ぶことをあざ笑うように、豆の内部の栄養素や農薬残留をまず問題にする。それこそが食べ物としての豆の価値なのだ。

米に至っては、事態は常軌を逸している。米を食べるときに提供される情報は、「農薬残留がゼロ」とか「アミロース成分が低い」とか「食味点数が高い」などという、内部の価値ばかりだ。これも工業の物真似なのか。科学的に表現しないと価値が上がらないと思いこまされている。

こういう内部の「成分＝価値」は、人間の感性ではつかめない。機器で分析しなければ、わからない。しかし、数値で表せる。だから、比較できる。産地間競争に打ち勝つために利用できる（負けたときにも言い訳になる）。こうして、産地や手入れしている百姓や育てている自然に思いをはせる習慣が、静かに壊れていく。

本来農業の米の価値は、産地に思いを馳せる世界に誘うものだ。再現してみよう。都会の家族がご飯を食べている場面を想像してほしい。

ご飯の香りが部屋に満ちる。ご飯粒はしっかり光っている。口に入れると、温かい。噛むと、粘りと味が出てくる。これは感性で感じている価値だ。「美味しいね」という言葉をきっかけに、家族の会話が交わされる。

「このご飯ができた田んぼを今年も見に行きたいな」

「そうね。ただ、遠いから、毎年は無理ね」

「あのカエルやトンボたちを、また見たいな」

「田んぼの上の風はいい香りだったわね」

「あのお百姓は、都会に出ている子どもが帰って来ると言ってたけど、どうなっただろう」

「あの村はかなり山奥だし、冬が大変ね」

本来農業の農産物の価値は、内部にあるのではない。むしろ外部に広がっている。なぜなら農産物は、百姓が自然からひきだした「めぐみ」であるからだ。それは

花盛りの畔アザミとキンポウゲ

採集ではない。自然に働きかけた百姓仕事が自然を豊かにしたお礼として、自然からもたらされた「めぐみ」である。

だから、それを食べるとき、自然に、そして百姓仕事に思いを馳せる。そうした感覚が、農耕の伝統として形成されてきた。

この思いを誘う習慣は、価値を感じるシステムでもある。本来農業はこの習慣＝システムを再興しなければならない。このシステムの上に、カネにはならないが豊かな価値が花開いてきたし、これからも花開かせなければならない。

本来価値のビジネス

明治維新の文明開化（近代化）によって、農業は工業と生産性を比較され始めた。なぜなら、比較できる尺度が輸入されたからだ。それを嫌悪する百姓や農学者の一部から「農本主義」が生まれた。しかし、しだいに農本主義は工業＝資本主義の論理に敗北していく。

それは、農的な価値である人間と自然の関係、つまり百姓仕事の核である自然との「情交・交感・一体化」を国民国家の価値として、まず国家に認知させようと焦ってしまったからだ。国家によって教育される価値は、自然に身につける価値になじまない。

ところが、時代はめぐる。この自然と人間の関係性の豊かさを新しい価値として、資本主義やグローバル化に対抗する論理として取り上げる勢力が、世界中で生まれている。本来農業もこの動きのひとつである。

日本では、私たちの「農と自然の研究所」の思想運動を取り上げるのがいいのだが、手前味噌になるのでやめる。研究所の出版物に触れてほしい。ここでは、ドイツの例を紹介する。ドイツ南部のバーテンベルグ州の環境支払い調査のために、２回ほど訪問したときの衝撃を語りたい。

ドイツの専業農家の年間所得の平均は約400万円で、そのうち210万円はＥＵと州政府からの支援金である。自家で稼いでいるのは、190万円にすぎない。これは、EU内部の農産物貿易の自由化の結果である。

ポイントは、百姓の所得を多額の税金を投じてでも補償しようとする国民の価値観であろう。表面的な政策だけ見ていては、本当のことはわからない。

あるリンゴ農家を尋ねた。グループでリンゴジュースに加工し、付加価値をつけて販売しているという。そのリンゴジュースは町で飛ぶように売れているそうだ。「理由を当ててごらん」と問われて、私たちはご馳走になりながら答えた。

「美味しいから」

「栄養がいっぱいだから」

「無農薬で安全だから」

「価格が割安だから」

「パッケージがいいから」

すべてはずれだった。私たちは、つい内部の価値で答えてしまう。リンゴジュースの価値は内部にあると思い込んでいる。ドイツの百姓の答えは、衝撃的だった。

「町の人たちは、このジュース

以前は多くの地域に見られた麦秋の風景

を買って飲まないと、この村の美しい風景が荒れてしまうと言って、買ってくれるんだ」

かつて日本の百姓は、小賢しい経済学の「再生産が補償される米価」という思想に毒されていた。しかし、この場合の生産とは、工業的な生産であって、農業生産ではないことを、ほとんどの百姓も学者も見抜けなかった。

再生産価格とは、計算できるコストの総額にすぎない。そのコストでは、風景も、生きものも、安全性も補償できなかった。さらに、現在ではそれを割り込んで米価は下がり続けている。今度は「市場に任せる」のだという。

価値は、現代人の現世の健康や便利な生活だけにあるのではない。百姓仕事の生き甲斐を土台にして、人間と自然の関係、百姓と過去と未来の関係、百姓と消費者の関係、村と都会の関係を守り続ける百姓の営みが持続する価値は、もっと重要だ。

私たちはいつのまにか、「資本主義は経済成長なしには維持できない」という強迫観念にとらわれて、カネになる価値の追求に溺《おぼ》れている。こういうときに、百姓は何ができるのだろうか。

本来農業は、農産物の外側にたおやかにひろがっている価値も売る。それがカネの論理を暴走させない現代的な知恵であり、工夫であり、本来のビジネスなのだ。

価値を超えて存在するもの

農業の生産は、工業と違って、人間が主役になり得ない。つまり、人間の思うようにはならない。人間が目的とするものだけを計画的に生産はできない。アダム・スミスが言うように、「自然が百姓といっしょに働いている」からだ。

この認識がないと、百姓が働きかけて豊かに膨らませた自然の価値を、百姓がいなくても生じる「機能」と勘違いして、百姓仕事の深い世界をとらえ損なう。本来農業の土台に目がいかなくなる。

ここまで考えてきて、じつは心配なことがずっと心の底に澱《よど》んでいる。それはいみじくも「価値」という言葉で表現してきたが、価値ではないものが農のもっとも深い世界にあるのではないかということだ。

イヴァン・イリイチの言葉を借りれば、「あなたの妻にはどういう価値がありますか？」と問われて、まじめに考える夫は破廉恥だ、ということだ。妻は価値ではない。存在するだけでうれしい。

同じように、百姓仕事を労働時間や所得や生産性でとらえようとする精神は、子育てに労働時間や対価や生産性を求めるように、ほんとうは破廉恥な精神ではないかと私は思う。こういう精神で見るかぎり、決して見えない世界がある。その世界によって、農業は支えられてきたし、これからも支えられるだろう。

農業経営とは、農業ビジネスとは、こういう世界に支えられていることを自覚しないと、大きな傷を残すだろう。自然に、仕事に、家族に、地域に、傷をつけるだろう。ビジネスとは機能の発揮ではなく、機能の切り売りではなく、まず価値でもないものを伝える行為であってほしい。その土台の上に、方便としてのカネが花開くことに文句はつけられない。

首《こうべ》を垂れた稲穂にとまる薄羽黄トンボ

有用性への根本的な疑義

有用性は、時代が決めることになっている。風景の価値も生きものの価値も、それがもっとも破壊されていたときには自覚されなかった。今日に至って、価値として保全しなければならないという主張が出ている。農薬多投の昭和30年代、列島改造の昭和40年代、リゾートブームの昭和50年代には、風景や生きものを救おうという思想が形成されていなかった。

そういう意味でも「多面的機能」や「生物多様性」や「ただの虫」などの提案は、時代の精神を体現している。時代の価値として称揚しようとしている。それを批判するつもりはない。むしろ、後押ししたい。

しかし、時代が取り上げない価値もまた、守らなければならない。それは、時代が「有用性」だと認知しない価値である。

有用性には時代を超えた普遍性があるというのは、幻想にすぎない。そもそも「有用性」自体が新しい概念であろう。

たとえば、日本国の赤とんぼの99％は田んぼで生まれている。だが、一昔前までは、赤とんぼが田んぼで生まれていることなど百姓は意識しなかった。する必要がなかったからだ。赤とんぼが毎年現れるのは自然にそうなるのであり、それは自然現象であった。ここには有用性のかけらもない。

農のめぐみ調査を仲間と行う筆者

それでも、赤とんぼについての言説や物語は無数にあったし、創作されてきた。人間と赤とんぼの関係性は濃密に存在してきた。

それを「有用性」に向けて押し出させようとする人間(私たち)によって、赤とんぼが田んぼで生まれている事実がことさらに言説され始めたのが、昭和60年代だった。時代の価値にしようとする魂胆が、それまでの百姓には異様に思えたそうだ。やがてこの勢力は、赤とんぼや蛙を「農業生物」と言い立て、「生きもの調査」にまで行き着く。

この過程で、私はもう一つの道があることに気づき始めた。有用性に格上げさせて、時代精神に合流させる方向とは別の道が続いていることに気づいたのだ。それは、有用であろうとなかろうと、慈しみ引き受けて生きる百姓の人生のしきたりである。

有用性があるから大事にするのではない。そこに昔からずっと存在するもの同士の何かが、いとおしく感じさせる。ここから、農薬や機械化や近代化や開発やグローバル化を拒否する論理を組み立て直せないかと考えている。

たぶん、有用性の嵐の前では、飲み込まれて哄笑《こうしょう》され、無視され続けるかもしれない。しかし、伝統とはそういうものなのだろう。負ければ、伝統として残らない。負けないものを引き継ぐ気概があれば、滅びない。

経営とは、そういう伝統の上にある。ビジネスとは、そういう伝統を静かに抱きしめている。それは、経済学や経営指導や経営分析では決してつかめない。その具現を次に見よう。

所得は多いほうがいいのか

一年の所得が400万円の百姓がいる。彼は「余裕が今年も出たから」と言って、40万円を私たちのNPOに寄付してくれる。どうしてその余裕を手元に置いて、規模拡大や新たな投資の原資にしないのだろうか。また、所得は多いほうがいいのなら、さらに所得アップをめざすべきで、寄付など経営感覚の欠如だと言っていいのではないか。

しかし、彼は「これは私のハラワタの腐り止めだ」と言う。カネ万能の時代精神に流されまいとする自戒の表出なのだ。これを法人・企業に広げて考えてもいい。

国家は「日本農業」を保持するために、認定農業者に農業支援を集中するという。「日本農業」とは、「国民国家」が守る価値のあるものを国家の側から見た総体を指す。そこからこぼれ落ちるものは指摘できないほどおびただしいが、いまそれにはふれない。

ここでは、認定農業者の認定基準である「所得目標」が歪んでいることを指摘したい。何より、所得が多いほうがいい経営だと認められることが問題だ。次に、認定基準がサラリーマンの所得の平均におかれていることが問題だ。これは国家が時代精神を採用しているにすぎない。

そういう尺度(時代精神の体現)で導かれる百姓の経営が、その程度のものに堕落するのは必定だろう。だから、百姓も「あれは書類上のことだ」と弁解する。制度を変えるよりも、制度の枠外で本当の経営をすればいいと考えている。

国民国家の体制とは別のところで営まれる経営に新たな息吹を感じるのが、前述の事例である。国民国家とは別のところで国民は生きているし、時代精神とは無縁に「ただの民」のくらしは営まれていることを忘れてはならない。

少し昔の話になるが、私の村では「百姓は田んぼの落ち穂拾いをしてはならない」というしきたりがあったそうだ。「稲刈りが終わるころになると、非農家が袋を持って畦で待ちかまえていた」という話を93歳になる年寄りから聞いて、私は驚いた。

ここでは、近代的な所有や生産の論理ではないものが、くらしを貫いている。天地自然のめぐみのもとで、国民国家とは別のところで共同体が形成されている。このすでに希薄となった自然共同体に依拠して生きていく精神を失いたくない。これはある種の原理主義であり、西洋に似たような精神を当てはめるとパトリオティズム(愛郷主義)になるだろう。価値や有用性を越えたところに流れている地下水のようなものだ。

有用でないものも伝える

私が言いたいことは、じつは一つしかない。農業経営や農業ビジネスとは、伝えることなのだ。有用性はすぐに伝わる。物を介して、カネで評価されて伝わる。本来農業の経営・ビジネスは、その程度のものではない。有用でないものも、時代精神に採用されないものも、届け、伝える。

カネだけの経営やビジネスなら、私たちが論じる必要はない。それが農の土台にあればこそ、農業は単なる産業ではないという暗黙の合意が社会を覆ってきた。そのうえに現代の経営やビジネスも花開いていることを、忘れてはならない。

もう一度振り返ろう。なぜ、人間は自然が好きなのだろうか。自然が脅威であるよりも、実りであり、抱かれる対象になったのは、なぜだろうか。

自然は当然のようにそこにあるのではない。そのようにつくりかえられてきたのである。そこから、自然と人間の新しい関係が生まれ、それが物語として、伝えられてきた。人間が自然を好きなのは、そういう伝え方をされてきたからである。そういう伝え方をできる営みを、現代農業であっても堅持しなければならないのは、自明ではないか。

農はひとつの物語である。人間が自然に働きかけた過程を語る表現である。だから、産地を問うことがうれしい。その物語の構成員になれるからだ。本来農業のビジネスは、その物語を語り直して、伝える。それに人生をかける。社運をかける。何の不思議もない。

〈宇根　豊〉

新まほろば人たちと創る田園文化社会

高畠町有機農業推進協議会(山形県高畠町)

少数派と多数派が入れ替わった

イギリスの旅行家・探検家のイザベラ・バードが明治時代にみちのくを旅したとき、山形県置賜《おきたま》地方の景観を"東洋のアルカディア(牧歌的な理想郷)"と絶賛したという。

高畠をめぐると、その気持ちがよくわかる。飯豊《いいで》、朝日、蔵王、吾妻《あづま》……四方を秀麗な峰々に囲まれ、広々とした盆地にはラフランス(洋梨)、リンゴ、ブドウなどの果樹が生い茂っている。

平坦な田園地帯を抜け、こんもりやさしい風情の里山に抱かれた和田地区に、星寛治《かんじ》さん(1935年生まれ)を訪ねた。高畠の有機農業運動を引っ張ってきた、精神的リーダーである。書斎で炬燵《こたつ》にあたりながら、話をうかがう。

「高畠町の有機農業運動は、70年代に船出し、80年代に地域へ根を張り、90年代には都市との多彩な交流が広がりました。そして、21世紀に入ってからは新たな局面を迎えつつあります。30余年の積み重ねを経て、いまでは約2000戸の農家のほぼ半数が環境保全型農業に切り替えている。かつての少数派が多数派にとってかわった、と言ってもいいでしょう」

まほろば農学校で開会の挨拶をする星さん

2006年12月の有機農業推進法の成立をうけて、高畠町でも「たかはた食と農のまちづくり条例」が09年4月から施行された。そこでは、自然環境に配慮した農業の推進が高らかに謳い上げられている。

「なかでも目玉は、遺伝子組み換え作物の自主規制という条項。これは実質上の禁止であり、条例としては画期的です」

こうした高畠の現在があるのは、農民たちが36年間におよぶ地道な有機農業運動を続け、次世代を育て、積極的に都市住民と交流してきたからこそである。また、星さんが教育委員長として長年にわたって小・中学校で“耕す教育”に力を注ぎ、学校農園をとおして食と農の学びを深めてきたことも、大きく寄与している。

提携の始まり

高畠地区に住む遠藤周次さん(1940年生まれ)は、減反政策が打ち出された70年当時、農協の「優秀な」営農指導員だったという。即効性のある農薬や化学肥料の普及を使命としていた。どちらも近代化に寄与する素晴らしいものだと思っていたからだ。

「そんなとき、職場でふと目にした月刊誌の記事に衝撃を受けました。それは、有機農業の父として敬愛された故・一楽照雄《いちらくてるお》先生が綴った一文で、近代化農業は死の農法であると警告を発し、有機農業を勧めていたのです。私はすぐさま星さんといっしょに青年たちを連れて、一楽先生の話をうかがいに上京しました」

そして73年、41名の青年たちによって高畠町有機農業研究会が発足する。この年、オイルショックが起こって輸入飼料代が高騰し、畜産価格は大暴落の憂き目を見た。糠野目《ぬかのめ》地区に住み、青年団運動に没頭していた渡部務《わたなべつとむ》さん(1948年生まれ)が言う。

「減反政策とオイルショックのダブルパンチで、多額の借金を背負いました。この先、農政や市場の動向に振り回されることなく農業で生きていくにはどうすればいいか。仲間たちと熱い議論を闘わせながら、真剣に考えましたね」

そうしたなかで有機農業にめぐり合った務さんは、1反(10a) から米の有機栽培を始める。だが、集落では一人だけである。

「農薬・化学肥料万能の時代に、腰をかがめて四つん這いになって、なんで昔の重労働に戻るんだと、冷たい視線を浴び続けました。おまけに、おめえんとこは虫の巣、病気の巣だって言われてね」

74年に作家の有吉佐和子さんが取材で高畠を訪れる。そして2年後には、彼女の『複合汚染』(新潮社、1975年）を読んだ首都圏の消費者が、安全な食べ物がほしいと言って訪ねてきた。

だが、青年たちが有機農業に取り組んだ目的は、多品目少量生産の豊かな自給である。都会の消費者とつながろうとはまったく考えていなかったという。それでも、「余ったものでいいから、私たちに売ってください」と強く要請され、消費者グループとの直接取引＝提携が始まる。同時に、手間のかかる田植えや除草はともに担おうと、農繁期に消費者が援農に訪れるのが恒例となった。

「都会の消費者からも、われわれが知らなかったことをたくさん教えてもらいました。化学調味料や合成洗剤の有害性などについて、女性部をつくって勉強に励んだりね。生産者と消費者が、食と農を通じて互いに高め合う関係を築きあげていったと思います」

有機農業に不可欠な土づくりや除草の技術、流通経路に至るまで、教科書はない。すべて手探りで、切り開いていった。“顔の見える関係”を合言葉に生産者と消費者が交流を続け、人が人を呼び、提携の輪は全国17団体にまで広がっていく。

上和田有機米生産組合の誕生は、有機農業が面的に広がる契機となった

地域に根を張る

1980年代に入ると、有機農業に取り組む農民たちは、農薬の空中散布という深刻な問題と対峙した。何としても空中散布を阻止したいという思いが、若い農民を汚染調査や反対運動へと駆り立てる。ところが、それは地域の農家や農協との軋轢を生むばかりだった。

長い模索の末に見えてきた一筋の道は、農薬に頼らなくても可能な米づくりの普及である。無農薬栽培の最大のネックになっていた除草労働を軽減するため、一歩だけ引き、初期除草剤を１回のみ施用する減農薬有機稲作の自主基準を定め、実践農家を募った。こうして86年、上和田有機米生産組合が75名で発足する。

「妥協の一歩だという批判の声もありました。でも、めざす地平へ近づくには、多様でしなやかな発想が必要と考えたのです。それまでは点でしかなかった有機農業が、面的な広がりをもって地域に根を張っていき、若い農民を育て、新しい村づくりの展開へとつながるきっかけになったと思います」(星さん)

翌87年、有機農業者たちは、農薬の空中散布に関する要望書を町と農協に提出。提携する消費者も、空中散布反対の声を届けてくれた。その結果、上和田地区では阻止できた。

和田地区に住む渡部宗雄《むねお》さん(1958年生まれ)は、20代で玄米正食に出会い、食と健康は一つであると身をもって実感したという。そして、慣行農法を改め、上和田有機米生産組合に参加する。

「アトピー性皮膚炎のお子さんをもつ米沢市のご家族が、うちの米を食べるようになってから肌がきれいになったと、写真付きで手紙をくださいました。こういう報告を聞くと、有機農業を始めてよかったと本当に思う。手間のかかる作業でも、やりがいを感じます」

宗雄さんは、地元の小・中学校で10年間、栽培学習の講師を担当してきた。中学生の3日間の職場体験にも協力している。

「うちへ学びにきた子が、農業高校への進学を決めたんですよ。10年間の努力が報われた思いです。地元の食農教育の一助になって、本当にうれしい」

同じく和田地区の高橋稔《みのる》さん(1962年生まれ)は、県内の朝日町の農家で生まれ育ち、88年に縁あ

渡部務さんの田んぼで消費者も参加しての田植え(撮影・闇美芳)

って高橋家の婿養子に入る。

「自分が高畠へ来たときは、すでに星さんや渡部務さんたち先輩が有機農業で一定の成果を上げ、提携での販路も開かれていました。その点は非常にありがたかったです」

和田地区では60年代から、小学校の給食に地場の野菜を取り入れている。

「自給野菜組合があってね、献立に沿って毎朝小学校に持っていくんです。ぼくらの感覚では、旬の野菜を当たり前に届けているだけなんだけど。年間自給率は60%ぐらい。90年代末からは保育所が加わり、今年(2009年)の４月からは、町内４つの中学校でも地場産野菜の取り組みが正式に始まりました」

上和田有機米生産組合は、高畠町有機農業研究会の弟分的な組織にあたる。70代の星さんや60代の渡部務さんから見れば、50歳前後の渡部宗雄さんや高橋さんは、弟分のような存在なのだろう。

都市と農村の多彩な交流

1989年、立教大学の「環境と生命」ゼミ(栗原彬《あきら》教授)のフィールドワークが高畠で行われた。これを皮切りに90年代に入ると、早稲田大学、千葉大学、明治大学、東京農業大学、筑波大学などのゼミが次々と、有機農業の里・高畠をフィールドに選ぶようになる。

90年には、有機農業、地域づくり、生活文化、都市と農村の交流などについて考える学習集団をつくろうと、「たかはた共生塾」を開塾。その事業の一環として、92年に「まほろばの里農学校」が開かれた(まほろばは「すぐれた、よいところ」の意で、高畠のキャッチフレーズ)。都市生活者が農家にファームステイし、農作業と農的暮らしを体験する場の提供である。

この農学校への参加をきっかけで、移住した人も多い。高畠へのＩターン者は、2009年現在で80人を超えた(うち70名は定住)。星さんたちはこうした移住者を、親しみをこめて“新まほろば人”と呼んでいる。

大阪府出身の秋津ミチ子さん(1958年生まれ)も、新まほろば人の一人だ。フリーランスで映像制作や脚本執筆の仕事をしていた彼女は20代後半から、都市という便利なカプセルの安全圏に身を置いて、山や自然を評価している自

まほろばの里農学校での一コマ。鶏のエサやりを体験する参加者たち

分に嫌悪感を感じていたという。

「仕事で各地の農村をまわって田植えや稲刈りはよく目にしていたし、お手伝いもしましたが、しょせんそれはピークの体験です。ピークとピークの間の平凡な時間の積み重ねにこそ、作物や自然にとって本質的な営みがある。私はそれを自分の体に刻み込みたいと思ったんです」

そして33歳の夏、新聞記事でまほろばの里農学校を知って受講。「翌年の４月には高畠へ引っ越してきて、畑に堆肥を撒いてました」と笑う。「山と、ブナと、斎藤茂吉が好き」と語る秋津さん。当初は従来の仕事を続けながら、10年以上かけて徐々に農的な仕事と暮らしへソフトランディングしていく。田んぼは７ａから始めて45aに、畑は５ａから始めて50a になった。

「私は百姓になりたい。それは、一般的にいう就農とは違うんです。百の作物を作るという意味だけでなく、百の仕事ができるようになりたい。鶏を飼ったり、籠を編んだり、山菜を採ったり、毒のある草や茸を見分けられたり…。自然のなかで生きていくための一つひとつの知恵や仕事が百集まったとき、ようやく人間になるんじゃないかって。そういう丸ごとの人間を生きたいんです」

もう一人の新まほろば人、菊地卓大《たかひろ》さん(1969年生まれ)と高畠の縁は、「環境と生命」ゼミのフィールドワークへの参加がきっかけだった。

「学生時代から有機農業への漠然とした憧れを抱いていて、有機農園へ援農に行ってました。高畠には大学の先輩が３人移住していたし、移り住むのにさほど抵抗はありませんでしたね」

移住後の95年に菊地啓子さん

と結婚し、義父の良一さんに教えを請いながら、有機農業者への道を歩み始めた。菊地農園ではミネラル濃度の高い「薬元米」を栽培し、2000年のシドニーオリンピック以来、ライフル射撃日本代表チームへ食のサポートも続けている。

「高畠で、成長と発展を追い求めるのではなく安定と持続を志向する、21世紀型の暮らしをつくっていければと考えています」

それは学生時代からの問題意識へつながるものである。

また、高橋さんの母校は、東京農業大学。やはり90年代に、後輩の学生たちがフィールドワークで高畠を訪れ、友好的な関係を構築できたと微笑む。

「母校の学生たちが来町すれば、うちが受け入れ先になる。そのお返しに、学生たちが学園祭でうちの作物を売ってくれたり、毎年春に行う作付会議(生産者が消費者のところへ出向き、作柄報告をしたり要望を聞いたりする)の場所として母校の教室を貸してくれたり。お互い様の、いい関係が続いていますよ」

高畠町有機農業研究会は96年に発展的解消し、97年に1000人規模の高畠町有機農業推進協議会が産声を上げる。上和田有機米生産組合や有機農業提携センター(研究会解消後、主流メンバーがつくっていた会)などがゆるやかにつながり、事務局は町の農林課に置かれている。

都市を中心とする経済原理の側面から見れば、“失われた10年”と呼ばれていた90年代、高畠では新たな共生社会が生まれる芽吹きに満ちあふれていた。

農協も仲間

21世紀に入り、高畠の有機農業はさらなる発展をとげる。星さんとともに初期の苦楽を分かち合ってきた渡部務さんは言う。

「有機農業の栽培技術や流通ルートが確立されるにしたがって、周囲の見る目もしだいに変わってきました。農協も町も、“顔の見える関係”“減農薬・減化学肥料”という言葉を盛んに謳うようになってきたんです。

有機農業は、単なる農法にとどまりません。農民が自立するために何をなすべきか、その技術・流通・思想の本質的な部分にこそ私は共鳴した。出荷したら終わりではなく、自らの足で立ち、自らの力で逆境を打開していくことを学びました。消費者との顔の見える関係を30数年間続けてきたなかで得たものは、計り知れないほど大きいですよ」

2002年には、町内で農薬の空中散布が全面禁止となった。有機農業を実践しつつ、農協の役員を20年間務めてきた務さんにとって、感慨はひときわ深い。

「空中散布が問題になったときは、20数名の役員中、反対は私を含めて3名のみ。当然、当時の組合長とは敵対関係ですよ。そんなとき、『若い世代を育てるには、彼らのやろうとしてることを黙って見てろ』と言ってくれる先輩がいた。これは、本当に涙が出るほどありがたかった。どんなに辛くても、あえて農協のなかに身を置き、現実を動かし、変えていくんだという勇気をもらいました」

同じ02年、和田地区に体験交流施設「ゆうきの里さんさん」が誕生した。チーフマネージャーは遠藤周次さん。冒頭に登場した農協の「優秀な」営農指導員だ。

「有機農業とかかわるようになってから、農協のなかで現場をはずされたり苦労もしました。でも、有機農業の集まりにはどこへでも出向いていった。青年団の仲間とともに、燃えながら走ってきた。そうしたなかで、自分も成長していったと思います」

人にはそれぞれ与えられた役割分担があると思う、と遠藤さん。

「自分の場合は縁の下の力持ち。主役は農家で、自分は土台を下支えして、農家が指定席に座れるようお膳立てする。人と人とがうまくつながれるように動く。地域全体がよくなるための役割を担っていると思うと、うれしいね」

田園文化社会の小さなモデルをつくりたい

「高畠の有機農業運動の展開は独特ですね。突出したカリスマリーダーがいるわけでも、行政主導でもない。地域のなかに着実に、新しいタイプの“もの言う農民”が育っているんですよ」

書斎の炬燵で星さんは、穏やかな微笑をたたえながら語る。

「高畠の農民たちが取り組んできた提携は、海外の有機農業関係者の間では、TEIKEIと欧文で通じるといいます。消費者が生産者と直接つながって信頼関係を結び、農産物を買い支える。

実際、有機農業提携センターで

まほろばの里農学校では、地元農家の方に習いながら、稲刈りも行う

は、生産者と消費者が一堂に会して作付会議を行っています。そのため、すべての産物は23年間にわたって価格が一定で、市場の相場に左右されていません。私はこれを“小さな食管システム”と呼んでいるんです。小規模の家族経営でも十分に成り立つ、等身大のあり方ですね」

こうした日本の提携の手法は、地域のなかで生産者と消費者が手を携えて農業を発展させていく試みとして、フランスの家族農業を守る会(AMAT)、アメリカのCSA(Community Supported Agriculture、地域が支える農業)などに大きなヒントを与えてきた。

「とくにアメリカでは、CSAに取り組む農場は約2000にまで広がりました。オバマ大統領のグリーン・ニューディール政策で、さらに勢いづいていくでしょう」

星さんには、2009年中に形にしたいと思っていることがある。それは、農民の手づくり文庫「たかはた文庫」の創設だ。毎年ゼミで訪れた栗原さんが、10万冊の蔵書を提供するという。

すでに、ゆうきの里さんさんから50mほどのところにある、かつてブドウ苗木の試験場として使われていた建物を購入した。秋には書籍の搬入が始まる予定だ。

「そこに、有機農業運動資料センターを併設しようと考えています。全国を探しても、そうした文化施設はないようだから、有機農業運動をリードしてきた高畠が先鞭をつけようと。できれば町内各地区に、2号館、3号館と小規模な文庫を増やしていきたいですね」

これから少子化が進むなかで空き教室も出てくるだろうから、それらを小さな文庫や美術館として活用したい。子どもたちが、自分たちの地域にある文化的な財産に気づき、誇りをもって活用できるように。教育について語るときの星さんは、その名のごとく瞳がきらきらと輝く。

「物質文明の次に到来する生命文明を担う社会は、田園文化社会だと思います。その小さなモデルを高畠につくりたい。すぐれた研究者や文化人とかかわることで、私たちは数々の学びを得、村づくりのヒントをいただきながら、ここまで歩んできました。今後の農村社会には開かれた精神風土が必要だと思うのです」

心豊かに生きる人たち

高畠で36年間かけて取り組んできて到達した内実は、地域社会のパラダイムシフトの大きなモデルになるだろう。それは、物質文明と産業社会を超えていく力をもつ。そして、100の地域があれば、100通りの形と方法論がある。

「それぞれの地域社会が、自分たちの未来を真剣に考えましょう。外からの風や刺激をたくさんいただきながら響き合い、ときにはぶつかり合いながらも、新たな地域を創造していくエネルギーへと変換していく。これからの人びとに求められるライフスタイルは、簡素で心豊かに生きることだと私は確信しています」

誰もが農にかかわりながら生きていく。専業でも、兼業でも、趣味の農でもいい。星さんは微笑みながら言った。

「哲学者のヴォルテールが、『何はともあれ、裏の畑を耕さなければなりません』と言って家を出ていったような生き方を、次の世代、そのまた次の世代へと伝えていきましょうよ」

高畠の有機農業者や新まほろば人は、一人ひとりが小宇宙を内包している。星さんは詩作。遠藤さんは日本画。渡部務さんは個人でつくった都市との交流施設。渡部宗雄さんは音楽とスキー。高橋さんはレスリング。秋津さんはブナと山歩き。菊地さんは合気道。

みんなが内なる宇宙を自分の言葉と体で表現している。地域における役割をわきまえ、まっとうしながら、暮らしを、生を楽しんでいる。この魅力的な人たちに、また会いたい。そして、今度会うときにはぜひ、田畑で農作業のお手伝いをしたい。

「今年の農学校、申し込みます。田の草取りに来ます！」

お世話になった皆さんたちにそう挨拶して、まほろばの里を後にした。

〈中村数子〉

地場産業と提携し、集落皆有機農業へ

霜里農場（埼玉県小川町）

なつかしい未来

池袋から東武東上線の急行に乗って約1時間15分で、小川町駅に着く。駅前から小川パークヒル行きのバスに乗り、下里で下車。田園地帯の一本道を歩き、橋を渡って左手に折れると、どこからか漂ってくる炭焼きの香り。

そのまま道を進むと、昔ながらの木造校舎が見えてきた。ゆるやかに蛇行する道沿いには梅が咲き乱れ、菜の花の黄色が目にまぶしい。さらに道を進んだどん詰まりに、霜里《しもさと》農場はあった。

畑にはブロッコリー、キャベツ、ねぎ、のらぼう菜、ほうれん草、小松菜、らっきょう、玉ねぎ……。数え切れないほどの野菜が植えられ、ハウスではいちごが真紅の実をつける。平飼いの鶏は元気に走り回り、猫が幸せそうにまどろみ、牛が笹を食《は》む。そして、ゆるやかに蛇行する清流・槻《つき》川が、農場との境界線を縁どっている。

私は自然に思った。ここは、なつかしい未来だ。

金子美登《よしのり》さん（1948年生まれ）は、故郷の埼玉県小川町で、71年から有機農業を営み続けている。生産者と消費者が直接つながる提携を始め、酒や醤油やうどんや豆腐などを作る地場産業と結びついて、共に栄える道を開拓してきた。さらに、太陽光やバイオガス、廃食油などの自然エネルギーを暮らしに取り入れ、それを町内へ広めつつある（96年に自然エネルギー研究会、2002年にNPOふうど〈小川町風土活用センター〉を設立）。

金子さんの先進的かつ多様な取り組みは、世代を超えて農的な暮らしを求める多くの人びとの心を魅了してやまない。霜里農場の見学希望者は年ごとに増加。02年からは、奇数月の土曜日に、農場の見学・説明会を開いている。

有機農業は“小利大安”の世界

2009年３月に開かれた見学・説明会には、約20名のメンバーが集まった。驚くほど若い世代が多く、20〜30代がほとんどだ。金子さんは、自らの農業観を語るところから口火を切った。

「日本は切り花国家で、根っこがありません。自給率は穀物28%、小麦14%、大豆５%、菜種油0.04%、飼料用トウモロコシにいたっては０%。必然的に日本人は、安全性が確認されていない遺伝子組み換え飼料で育った牛や豚などの肉を食べざるをえない。

多くの先進国が戦争が起きても食料供給が滞らないよう盤石の態勢をとっているなか、日本の食料事情はあまりにも脆弱です。しかも、ただでさえ低い自給率を65歳以上の高齢者が支えています。

私は1972年に、ローマクラブが発表した『成長の限界』というレポートを読みました。その翌年が第一次オイルショックです。やがて枯渇する化石燃料や鉱物資源に依存し、公害問題を避けて通れ

霜里農場の周辺にはのどかな里山が広がり、牧歌的な風情を醸している

自家採種した白インゲン豆の葉についたウリハムシをつぶす金子さん（撮影：田中利昌）

ない工業社会のなかで、循環し、永続する農的世界の幕開けを直観しました。そのとき私は、国内や地域内に豊富に存在する草、森、水、土、太陽などの農的資源を徹底的に活かし、食とエネルギーを自給する社会をつくる生き方を選択したんです」

自然は循環している。自分の田畑で収穫した米や野菜を食べる。生ごみや野菜屑や雑草は鶏などのエサになり、人間や動物が排出した糞尿や裏山の落ち葉は堆肥となって、田畑の作物の栄養になる。

「この循環を活かした農業を行えば、農薬や化学肥料をいっさい使わずとも十分にやっていける」と金子さんは言う。生ごみや糞尿は、バイオガスにも活用できる。霜里農場の有機農業は、自然の大循環のなかに人間の営みという小循環を添わせていく知恵の宝庫なのだ。

金子さんは75年に「会員制自給プロジェクト」を始めた。自転車で運べる範囲で、主食の米を基本に有機農業の自給区をつくろうという試みである。水田80aに消費者は10戸と決め、１戸あたり月額２万7000円の会費に見合う米・小麦粉・卵・約20種類の旬の野菜を届けるというものだ。試行錯誤を経て、消費者自身が任意で謝礼を支払う「お礼制」という仕組みに落ち着いた。

81年には、野菜と平飼いの鶏の卵を中心とした消費者20戸にも提携の輪を広げる。いずれも、つくる人と食べる人の顔と暮らしが見える有機的な人間関係である。

「小動物や微生物が満ちあふれる生きた土づくりに３年、有機農業で安定した生産を維持し、自信がつくまでに10年かかりました。

混作や敷きワラなどさまざまな工夫で生産は安定している（撮影：大江正章）

現在はこの30戸との提携で、ほどほどに食べていけます。ふるさとの大地に根を張って生きる有機農業は、“小利大安”の世界だとつくづく思いますね」

95年には、霜里農場を中心に、「小川町有機農業生産グループ」を結成し、いまでは22戸にまで増えた。

その一方で、関東地方の有機農業者を中心に、82年から「有機農業の種苗交換会」を開催してきた。有機農業に適した種を自家採取し、交換する場の必要性を感じたからだ。それから20数年、確実に地域おこしにつながる宝といえる大豆品種に出会う。金子さんの住む集落の山向こうで受け継がれてきた、「おがわ青山在来」である。

おがわ青山在来は天候の変化に強く、収量が安定している。しかも、糖度が一般の大豆の1.5倍なので、地場産業から引っ張りだこだという。価格は1kg500円と一般の5倍。農業者にとって十分に再生産可能な価格である。その有機栽培は、金子さんが暮らす下里集落から始まり、町内3地区へ広がっている。

有機農業と地場産業がともに栄えるまちづくり

金子さんはまた、有機農業と地場産業がともに栄え、それを地域の消費者が支えていくまちづくりを構想し、実践してきた。

最初に実現したのは、有機米を使った酒づくり。小川町で明治時

田んぼには２年に１回、合鴨を放す。除草効果は絶大だ（撮影：田中利昌）

代から続く造り酒屋の晴雲《せいうん》酒造が、有機農業者グループの取り組みを応援し、1988年に純米吟醸の「おがわの自然酒」が誕生した。有機米の買い取り価格は通常の酒米よりも高い。

「通常の酒米が1kg550円のところ、私たちのグループは600円で買い取ってもらっていました。これをきっかけに、有機農業へ転換する勇気と自信を得た仲間は多いですね」と金子さんは言う。

同じ年に小川精麦が、金子さんたちの小麦を「石臼挽き地粉めん」として製品化し、94年には大豆と小麦を使った醤油「夢野山里」がヤマキ醸造から発売される。そして2000年には、隣接する都幾川《ときがわ》村（現・ときがわ町）のとうふ工房わたなべとの連携が始まる。その社長・渡邉一美《かずみ》さん（1953年生まれ）は、見学・説明会に駆けつけていた。

「90年代まではおもにスーパーと取引していましたが、流通革命という名のもと、熾烈な安売り競争に巻き込まれていったのです。流通革命とは、生産者から流通業者が価格決定権を奪い取ることにすぎません。自分で作ったものに自分で値段をつけられないというのは、そもそもおかしな話ですよね」

当時、豆腐の店頭価格は80円。

おがわ青山在来。「すぐれた品種は地域の宝物」と金子さんは言う

まっとうな原材料を使って、損をしないためには、買い取り価格は48円が最低ラインだった。ところが、35円でスーパーに納品している同業者もいたという。そこまで下げるには、とにかく安い大豆を仕入れなければならない。当然、安全面での不安もあるし、美味しい豆腐が作れない。

渡邉さんは結局、スーパーとの決別を決める。折しも、1997年に金子さんと出会い、店頭直売に力を注ぎ、地元農家と消費者をつなぐ豆腐屋になろうと決意したのだ。

「金子さんたちとの出会いは、私にとって大きな転機となりました。その考え方や生き方に共鳴し、こういう信念をもった生産者をぜひ応援したいと思い、おがわ青山在来を使った豆腐作りを始めたのです」

その豆腐は、口に含むとじんわり甘みが広がる。価格は決して安くないので、当初は売れゆきが鈍かったが、この豆腐が生まれた背景を理解する消費者が増えるにつれ売り上げは伸び、いまでは目玉商品になっている。

渡邉さんは、ある食品メーカーの社員が「製造過程を監視カメラで見張っているから安心だ」と話すのをテレビで見て、非常に違和感を覚えたという。

「大事なのは、作る人と食べる人の絆ですよね。私は近隣の信頼できる農家から直接、大豆を仕入れます。そして、その安全な大豆を使って豆腐を作り、私を信頼する消費者に手渡しします。いってみれば、信頼のたすきリレーをしているようなものです。いま求められているのは、監視カメラの増設ではなく、生産者と消費者が絆を深め、お互いの信頼関係を取り戻すことでしょう」

地域の風土と資源を活かす

有機栽培技術を確立させた金子

かわいい牛たちにエサを与える金子さん。牛乳もとても美味しい（撮影：田中利昌）

さんは、自然エネルギーの活用をめざす。エネルギーを消費する農業から創造する農業への転換だ。

手始めに1994年、飼っている牛２頭の糞尿を原料に、嫌気性発酵技術を利用したバイオガスプラントを造った。現在は、これを調理に使うほか、畑の液肥として利用している。

96年には、廃食油からグリセリン成分を除いたVDF（Vegetable Diesel Fuel）をトラクターの燃料に使用。2008年以降は、廃食油を遠心分離機にかけて不純物を取り除いたSVO（Straight Vegetable Oil）を、ディーゼル自動車やトラクターの燃料に使い始めた。

その一方で03年に、近くの山の間伐材でガラス温室を造った。解体された家のガラスを再利用し、ビニールは使っていない。30年間は利用できるそうだ。また、自家製の柿渋や木酢液を防腐剤として使用している。

05年以降は太陽電池を活用し、畑の灌漑、放牧する牛用の電気柵、井戸水の揚水、住宅と用途は多方面にわたる。さらに、06年にウッドボイラーを導入し、住宅の床暖房や台所の給湯と温水に活用している。07年に新築した住宅は、祖父母が植林した80年生のスギが材料だ。

再生産でき、尽きることのない身近な資源を駆使しながら、豊かな暮らしを創造している金子さんは、微笑みながら言った。

「我が家では、たとえライフラインが途切れたとしても、食もエネルギーも水も手の届く範囲にある。“耕す文化”には、しびれるような幸福感がありますね」

毎日が創造に満ちた農的な暮らしの喜びを伝えようと、金子さんは79年から研修生を受け入れてきた。30年間に及ぶ後継者育成の取り組みはみごとに実を結び、社会に送り出した卒業生は約100名。立派に成長して独立し、研修生を受け入れる立場になった卒業生も少なくない。

「研修生のほとんどは、非農家出身です。現在はまだ、多くの農家が農業の真の価値を見出せずにいるから、子どもに継がせようとは思わないのでしょうね」

そう語る金子さんの顔には、複雑な表情が浮かんでいた。

現在は、20〜40代の研修生11人がいる。うち２人は韓国から来た。毎日通う人、週２日の人など、さまざまだ。研修を始めて約２カ月という20代の女性が言っていた。

「ここでは本当に、何も捨てるものがありません。すべてが循環しているということが、自分の体験をとおして実感できます」

村が動く！　国が動く！

2006年に有機農業推進法が成立して、有機農業をめぐる状況は大きく変わった(72ページ参照)。08年には有機農業総合支援対策として４億5700万円が予算化され、45地域が有機農業モデルタウンに指定された（09年は49）。小川町もその一つで、400万円強が計上されている。

霜里農場の見学・説明会から約２週間後、栃木県上三川《かみのかわ》町を拠点とするNPO法人民間稲作研究所の稲葉光國《みつくに》さんを下里地区に招いて、有機稲作の勉強会が行われた。稲葉さんは、有機稲作の抑草技術、育苗技術、輪作体系などの第一人者である。

「米・麦・大豆は、悠久の時を超えて日本人の心身をつくってきた主食です。ところが、これまでの日本の有機農業は、どちらかというと野菜中心でした。有機栽培の米・麦・大豆の輪作がすすんでいけば、日本の農業も食料事情も音を立てて変わります。有機大豆栽培後の水田は無肥料ですみ、かつ雑草の発生も抑えられて、一石二鳥ですよ」

単に昔の米作りに先祖帰りするのではなく、自然の摂理を科学的に解明し、農地に適した高度な栽培技術を駆使して、有機稲作を実現させていこうと、稲葉さんは呼びかける。それこそが「これからの“昔の”米作り」だと言う。

真剣にメモをとる参加者たち。矢継ぎ早に飛び交う質問。下里農村センターの研修室は、しだいに熱気を帯びていった。そのなかに下里地区のリーダー安藤郁夫さん(1932年生まれ)もいた。

「いままでのやり方(慣行農業)をすすめていても、うちの集落に未来はないんじゃないかと、土地改良組合で話していました。そんなとき、いまは亡き組合長が『霜里農場は元気にやってるじゃないか。相談してみるといい』と提案してくれたのです。

それで、思い切って話しにいったのが2001年ごろのことでした。金子さんたちと足並みをそろえていきたいと」

そのころ金子さんたちは、前述したように地場の食品加工業と10年以上の実績を積んでいたから、安藤さんたちの参入も比較的容易だった。麦と大豆を一定程度の面積で栽培すると国の産地づくり交付金(10aあたり約5万円)が支給されることもあって、大豆から有機栽培に取り組むことになったという。

こうして03年、4.3haの転作田で有機大豆の栽培が始まる。大豆は、渡邉さんが全量買い上げてくれた。金子さんからの買取価格は1kg500円だが、安藤さんたちは260円から始めて50円ずつ引き上げてもらっていく(現在は500円)。安藤さんが言う。

「69歳(当時)にしてはじめて、農業が楽しいと感じたんだよ。有機農業をやってみると、それまでは思いもよらなかったことが実現できるものだとびっくりした。手間をかけたことが無駄にならないし、面白いし、仲間もできるし……。何より、薬漬け農業から解放され、自分の作ったものを胸を張って売れる。自分でも驚くほど張り合いが出てきましたよ」

有機農業と地場産業が互いに手を組み、再生産できる仕組みを整えたとき、有機農家は本当に元気になる。自らの仕事の価値を再認識でき、気力も充実する。有機農業に改めて誇りをもち、田畑をより細やかに手入れし、景観は自ずと美しく保たれていく。

あと２戸で集落皆有機農業を達成

下里地区の田畑は全部で20ha。米・麦・大豆の輪作は、すでに始まっている(米10ha、麦・大豆各５ha)。農家10戸のうち８戸が有機栽培に変わった。残る２戸も転換の準備中だ。金子さんは、興奮を隠せない表情で語る。

「集落皆有機が達成されれば、日本初の快挙ですよ」

霜里農場で研修後に独立した河村岳志《たけし》さん(1962年生まれ)が言う。

「これからは、休耕田に菜の花やレンゲを植えたりして、もっと風景を美しくしていきたい。下里地区の取り組みが、補助金漬けでない農村へと変化させる起爆剤になればいいと思っています」

金子さんも、将来の目標を生き生きと語る。

「菜の花畑に入り日薄れ♪と唱歌にも歌われた美しい景観を復活させ、国産の菜種油の自給を促進し、廃食油をSVOとして使うまちづくりにつなげていきたいですね」

奇しくもこの勉強会が行われた日、『埼玉新聞』にこんな趣旨の記事が載った。

「さいたま市の住宅・マンションのリフォーム会社オクタは、金子さんが指導する４軒の有機農家から、2008年秋に収穫された有機米1.8トンを購入。2009年３月から、社員向けに宅配を始めた。名づけて「こめまめプロジェクト」。10月からは、さらに3.6トンの新米を購入する予定。小川町の有機米購入を通じ、農業をはじめ近隣の森林などバイオマスを活用したエネルギー自給の試みなど、持続可能で低炭素な地域社会づくりについて社員が学び、考える機会にしたい。同時に、小川町内の間伐材や和紙を建材として活かすことも検討し始める」

本当は誰もが還りたいのかもしれない。なつかしい風景があふれる場所へ。心の奥底では希求している。暮らしのなかに、本当の循環と健康と創造の喜びがあふれた未来へ。なつかしい未来――私たちはきっと、誰もがそこへ還るべきなのだろう。

〈中村数子〉

自治体発のゆうき・げんき正直農業

福井県池田町

人気を集める百匠逸品のアンテナショップ

福井市中心部から車で南東へ約45分、岐阜県境に位置する池田町は、人口約3400人。面積の92%が森林という典型的な中山間地だ。高齢化率は38%で県内一、冬は雪が1.5～2m積もり「閉じ込められる」感覚だという。主産業は農林業だが、産業別人口では9%にすぎない。これといった特産品もない。

池田町の取り組みは、1997年1月に杉本博文氏が町長に就任して始まった。皮切りは、99年7月に福井市南部の大型量販店内にオープンしたアンテナショップ「こっぽい屋」だ(「こっぽい」とは、方言で「ありがたい」という意味)。

現在のように、各地に直売所がある時代ではない。けれども、もともと有機農業を行っていた杉本氏は、安全で美味しい野菜は都市生活者に売れるという確信があった。

当時もいまも、町内に野菜の専業農家はほとんどない。では、どうしたのか。99年に町職員となった溝口淳さん(現・総務政策課参事)に話を聞いた。

ちなみに、溝口さんはかつては農水省のキャリア官僚である。95年に農水省の実地研修で1カ月間滞在して杉本氏たちの熱気に感動し、転職した。いまはこの町に両親とともに暮らしている。

「こっぽい屋は町長の選挙公約でした。ここをどう盛り立てるか。多くの家では、家庭菜園で女性たちが野菜を作っています。その栽培面積を広げてもらい、集めて出そうと考えました」

彼女たちは少量多品目の野菜を栽培する。だいたい50品目は作っているそうだ。さらに、主婦の腕を活かして漬物・味噌・菓子・惣菜なども作って販売している。出荷する生産者の団体は「101匠の会」。溝口さんは「この名前に100

「ゆうき・げんき正直農業シール」を貼って「こっぽい屋」で販売されている池田町産野菜

人の匠が１品を出すという意味がこめられています。みんながものと心と力を持ち寄るのです」と語った。それもよくわかると同時に、むしろ兼業農家が丹精こめて作った「百匠逸品」であると言ったほうがふさわしい気がする。

当初は面積10坪、出荷者80人だったが、杉本氏の予想どおり店は人気を集めていく。いまでは、面積30坪、出荷者は約160人に増えた。平均年齢は70歳前後で、９割が女性だ。

運営は池田町農林公社が行い、毎朝７時から３ｔトラックで集荷に回る。年間の休日はわずか数日。午前中がピークで、売り切れも多いという。ぼくが訪れたのは午後３時過ぎだが、女性客でけっこう賑わっていた。売り上げ高も来客数も、以下のように増えている（概数）。

2000年度＝6900万円、11万8000人。2003年度＝１億500万円、16万4000人。2008年度＝１億3800万円、19万4000人

また、野菜の美味しい食べ方を紹介したり、山菜の季節にはゼンマイの戻し方を若い人に教えたり、福井市民の食育の場にもなっているという。

農水省は相変わらず大規模専業農家育成を掲げているが、それが失敗しているのは食料自給率がいっこうに上がらないことを見れば明白だ。池田町のように兼業農家を新たな担い手として位置づけ、基礎自治体が一定の支援をしながら近隣都市を巻き込んだ地産地消政策をすすめていくほうが、ずっと理に適っている。町には餅加工業者が２軒生まれたという。地域資源を活用した地域経済活性化の役割も果たしているのである。

ゆうき・げんき正直農業

こっぽい屋では最初の５年間、生産者たちが交代で売り場に立った。お客のニーズを把握して、何を出荷したらいいかを考えるためである。そのとき一番よく聞かれたのは、「どうやって作ったのですか？　安全ですか？」だった。

ここから、化学肥料を使わず、農薬の利用を極力減らした、環境と人に安全な有機農業への取り組みが始まる。それが、2000年に町独自の制度として始めた「ゆうき・げんき正直農業」である。おもに野菜が対象だ。このネーミングにも惹かれる。血が通っている気がするからだろう。

「以前から農薬はあまり使っていなかったので、農家は比較的受け入れやすかったと思います」と農林課参事の辻勝弘さんは言う。辻さんは、以前は福井県の農業改良普及員で、やはり池田町の魅力に惹かれて職員となった。

ただし、国の有機認証制度は消費者にわかりにくいし、細かい記帳や認証料金など生産者の負担も大きい。「ゆうき・げんき正直農業」では、わかりやすさとなるべく多くの生産者の参加しやすさを考慮している。安全な農業を行おうとする生産者は、まず登録して看板を設置し、いつ何を植えたか、どんな堆肥を使ったのかなど基礎的な栽培管理簿を記入する。そして、町役場・農林公社・農協が連携して、現地確認を基本的に毎月１回行い、「ゆうき・げんき正直農業シール」が交付される。シールは３つの色に分かれている。

①黄＝低農薬・無化学肥料栽培

各作物ごとに、農薬は１回まで、除草剤・化学肥料は不使用の場合に交付。作物ごとだから一畝からでもでき、取り組みやすい。

②赤＝無農薬・無化学肥料栽培

各畑ごとに、農薬・除草剤・化学肥料をまったく使わない場合に交付。毎年の最初の申請時に生産者が宣言する。

③青＝完全有機栽培

３年間連続して赤の交付を受けた畑に対して、４年目から交付。

2008年度のデータでは、①が83人、②が62人、③が29人。06年度に比べて、①が16人減り、②が25人、③が７人増えているので、着実に進歩しているといえる。これらのうちどれがよく売れるか、こっぽい屋で聞いてみた。

「黄」のシールを示す立て札

「赤が一番多いと思います。最近は青が増えてきました。シールの色を見て買うお客さんもいれば、生産者の名前を見て買うお客さんもいますね」

有機農業推進法が成立したものの、有機農業はまだまだ点の存在である。一部の農業者の志によって支えられており、自治体や農協が意識して面的に広げているケースは少ない。

そうしたなかで、池田町の施策は特筆に値する。なぜなら、単に農薬や化学肥料を使わないだけではなく、作る人と食べる人の間に、こっぽい屋をとおした顔の見える有機的な関係を創ることを積極的に応援しているからである。しかも、その先まで見通している。辻さんは、こう語った。

「最終的には、こうした制度がなくたって、池田のものは安全なんだと思ってもらえたら、いいですね」

めざすは、認証やシールによるのではない、人と人の間の信頼関係なのである。

有機農業を支える食Uターン事業

化学肥料を使わなければ、当然有機質の堆肥が必要になる。地域の資源循環を考えれば、地域内での堆肥生産が重要だ。池田町では、堆肥自給にも意欲的に取り組んできた。2001年に自治体レベルでの先駆的な試みとして知られる山形県長井市を視察して、効果と意義を確認したという。

そして、翌02年の11月に堆肥を製造する「あぐりパワーアップセンター」を完成させた。材料は、町内畜産農家4軒の牛糞、近隣のライスセンターから無料でもらってくる籾殻、それに町内家庭の生ごみである。これで良質の堆肥ができる。食べ物の残りが堆肥の原料になるから食Uターンである。ここでは、生ごみは廃棄物ではない。資源として位置づけられている。

各家庭では水切りを徹底したうえで、新聞紙で包んで、指定の紙袋(1袋10円)に入れて、紙ひもでしばり、62カ所にあるごみステーションへ持って行く。ビニール袋と比べて見た目もきれいで、すべて無理なく自然に還る。

実施にあたっては、「面倒くさい」という苦情が出ることを想定して、全38集落で2回ずつ説明会を開催。堆肥作りの意義を強調して、町民の理解を得た。

これらを回収するのは、NPO法人「環境Uフレンズ」。週3回、2人1組になって2tトラックで各ステーションを回り、あぐりパワーアップセンターまで運ぶ。半日仕事で、サラリーマンは無報酬、それ以外には3000円が支給される。メンバーは当初の45人から94人にまで増えた。

この数字にも、町民の地域づくりへの意気込みがよく表れている。農業者と主婦が3分の1ずつ、25人が役場職員だ。3カ月に1回の割合だから、それほど負担がかかるわけではない。

「10人じゃとても無理で、これだけ人数がいるからできるんです。それに、たとえば60代の男性が30代の女性とおしゃべりしながらドライブするんだから、楽しいじゃないですか。それが結果的に町の役に立って、感謝されるから、モチベーションになる。それで、メンバーが2倍近くにまで増えたんだと思います」(溝口さん)

現在では町民の60%が、この事業に参加して生ごみを出している(20%はコンポスト容器などで自分で堆肥にしている)。毎年、80t程度を回収し、350t前後の堆肥を

ごみステーションから生ごみを回収する「環境Uフレンズ」の女性(写真提供:池田町)

製造。「土魂壌《どこんじょう》」という名前で農業者などに販売する(1袋15kgで378円)。こっぽい屋でも、家庭菜園向けに5kg袋を売っている(210円)。

この堆肥が安全で安心な農作物作りを支える。かつての日本農業ではあたりまえに行われていたことを、自治体主導で新たな仕組みをつくって復活させた意義は大きい。

池田町の1人1日あたりのごみ排出量は400g程度、リサイクル率は43～50%(01～06年度)。福井県内の自治体で、ごみ排出量はもっとも少なく、リサイクル率はもつとも高い。安全・安心な農業が環境を保全していくことが、はっきりわかるデータである。

生命にやさしい米づくり運動

池田町の農業の中心は米だ。農業粗生産額の約4分の3を占める。ところが、特別栽培米(農薬

の使用回数と化学肥料の窒素成分量が普通の栽培の半分以下）の比率は栽培面積のわずか１割にすぎなかった。そこで、2006年度からスタートさせたのが、農薬と化学肥料をできるだけ使わない米づくりをめざした、「生命にやさしい米づくり運動」である。

以下の４ランクを設定して、野菜と同じように認証した。いずれも育苗には農薬を使わず、①〜③は初年度に堆肥で土づくりをすることが条件となっている。

①極《きわみ》＝無農薬・無化学肥料米

農薬と化学肥料をまったく使わない。

②匠《たくみ》＝減農薬・無化学肥料米

農薬は４成分まで、化学肥料はまったく使わない。

③真《まこと》＝減農薬・減化学肥料米

農薬は４成分まで、化学肥料は使ってもよいが、５割以上減らす。

④舞いけだ＝減農薬・減化学肥料米

農薬は９成分まで、化学肥料は使ってもよいが、５割以上減らす。

このなかで、とくに推奨しているのは②の匠だ。無化学肥料はハードルが高いと考えがちだが、堆肥を使った土づくりをしていけば十分に達成できるという理由からである。こっぽい屋でも匠がよく売れるそうだ。④は入門編と位置づけている。

さらに、販売面の強化をめざして新たに「池田町米穀協同屋」を07年に設立。農家の手取り価格で、１俵(60kg)あたり、①３万6000円、②２万1000円、③２万円を実現した。②と③でも、通常の２倍近い価格である。これなら農業が続けられる。

08年度の栽培面積は①が2.5ha、②が85ha、③が30ha、④が95ha。あわせて全栽培面積の68％に及ぶ。ランクが高い①と②でも41％だ。

また、支援策として10aあたり、①は8000円、②は6000円、③と④は3000円を助成している。国の助成と異なり、栽培面積は30a以下でもよい。この背景にあるのは次のような考え方だろう。

「農業を産業として考えればたいしたことはありません。しかし、農地を維持し、食べ物を作っていくことに光をあてるのは大切だと思います。池田の価値が表現できるのは、きれいな空気と農と文化です。観光にしても、何人来たかではなく、この農村を理解して味わってくださる人を呼びたいと考えています」

真の地産地消へ

池田町にはスーパーも八百屋もない。農協の店にも「ゆうき・げんき正直農業」のシールがついた野菜は並んでいない。農村部といえども多品種の野菜を作っていない人たちもいて、直売所の需要は多いが、買う場所がないのである。「101匠の会」の会員たちは、あくまでこっぽい屋への出荷を主眼にしている。ここは、改善する余地がある。

アンテナショップを人口が多い福井市に出したのは、もちろん間違っていない。しかし、それが成功したいま、町民がふだんから買える場所を設けるべきだ。溝口さんもそれを認識していた。

「コミュニティ・ショップを考えています。みんなが買って支えるものですね。野菜もあれば、お年寄りが作った惣菜もある。町に来た人がお土産も買えるし、イベントだってできる場所です。建物は役場が造り、運営はNPOが担うのが望ましいでしょう。JAが行っている移動販売車との連携も計画しています」

安全で、安心できる野菜や米だからこそ、まず町民が消費する。そのうえで、たくさんできたものを近隣住民や訪れた人びとに販売し、現金収入を得ればいい。

また、有機農産物を使った郷土料理のレストランができれば、人気を呼ぶだろう。

こうして、池田町の農村景観と地域づくりへの姿勢を理解する人びとを招くのである。実際、2008年の８月に行われた国際有機農業映画祭には400人が、９月に行われた「いけだエコキャンドル」(家庭で不要になった食用油を集めてろうそくを作り、いっせいに点火する)には5000人が訪れている。

もうひとつの課題は、完全有機栽培の野菜や米の比率を増やしていくことだ。旬産旬消を心がければ、多くの野菜はそれほどむずかしくない。仮に多少見ばえが悪くても、無農薬というメッセージをきちんと伝えれば、買い手は決して少なくない。米に関しては除草の手間が問題だが、民間稲作研究所を筆頭に、多様な水田生物を活かした抑草技術が発達してきている。先進地域との技術交流の深化が大切となる。

あたりまえがふつうにあるまち

町勢要覧のタイトルは「あたりまえがふつうにあるまち」だ。町長は、心に染み入るこんなメッセージを寄せている。

「池田町には一流の自然も高級な食材もありません。でも、日本人が見過ごし、失いかけた「ふつうの暮らし」「あたりまえの営み」が生き残っています。日本の社会が取り戻そうとしているモノは、私たちのまちの「ふつうであたりまえのモノ」ではないでしょうか」

農薬や化学肥料をできるだけ用いない。資源を地域で循環させ、ごみを減らす。町民が自分が暮らす町のために活動する。どれも、あたりまえの「まち育て」という日常活動そのものである。ところが、大半の市町村でそれができていない。

池田町がすすめているのは、いうまでもなく有機農業の精神の実践である。ただし、それは、多くの人びとが勘違いしているような、特別な農業や付加価値をつけた農業では決してない。もうひとつの農業でもない。たった50年前の日本人が行っていた「ふつうであたりまえの農業」であり、本来農業なのである。

池田町は2007年度に「日本観光ポスターコンクール」の金賞(国土交通大臣賞)を受賞した。「12枚の農村力」というタイトルだ。ポスターの写真は、ふつうのトマトや大根や稲穂や風景である。それは、古きよき日本への郷愁や回帰だけではない。地球と地域の環境を守り、持続可能な未来を創るために、これからまさに必要とされているものだ。

〈大江正章〉

「農村力」というメッセージが適確に伝わってくる受賞作品
(写真提供：池田町)

農協・生協・行政の連携で育てる「ゆうきの里」

JAささかみ(新潟県阿賀野市)

特別栽培が"慣行栽培"です

新潟平野の北東部にそびえる、五つの峰を抱く五頭《ごず》連峰。その西麓に、阿賀野《あがの》市笹神《ささかみ》地区がある。2004年の市町村合併で阿賀野市の一部となるまで、ここは、笹神村という人口約9700人の小さな農村だった。

旧笹神村の6割は山林で、棚田状の水田が多い。生産効率を考えれば、決して恵まれた立地条件ではない。しかも、山間部は空気がこもりやすく、病虫害が発生しやすい。夏になると、五頭連峰を超えて吹き付ける南東風(だし)が、たびたび凶作を引き起こす。

しかし、旧笹神村は1990年3月に「ゆうきの里ささかみ」を宣言し、全国に先駆けて環境保全型農業を推進してきた稲作地域として知られている。08年度から農水省が始めた有機農業モデルタウン事業では、新潟県内で唯一、対象地区に選ばれた。

その推進役を担ってきたのは、JAささかみだ。自治体合併後も、JAは合併せずに独自の農業運動を展開している。管内にある約2000ha(転作面積などを除いた稲の実質作付面積は1500ha)の水田のうち、化学合成農薬・化学肥料を慣行栽培の5割以上削減した特別栽培米の栽培面積は、約800ha(08年度)。JAささかみで1年間に生産される約6000tのうち、なんと7割近くが特別栽培米だ。JAささかみ営農販売交流課の田中政喜課長が言う。

「09年産米からは、管内で慣行栽培をなくそうと決めました。JAささかみでは、いままでの特別栽培を"慣行栽培"と位置づけて、"あたり米《まい》"と呼ぶことにしたんです」

今後の"特別栽培米"は、化学肥料ゼロ・化学合成農薬75%削減の「エコチャレンジ米」だという。さらに、「ふーど米」と名付けたJAS有機認証を取得した有機栽培米の作付面積も、08年に18haを超えた。他の多くの米産地では“特別”なことが、JAささかみでは“当たり前”になっている。

JAささかみが農薬使用の削減に動き出したのは88年で、いまでは水田にさまざまな生き物が戻ってきた。ホタルのエサになるカワニナが増え、初夏にはホタルが飛び交う。メダカやカエルが泳ぎ、トンボやツバメが空を舞う。冬には瓢《ひょう》湖から白鳥たちが飛んできて、虫をついばむ。白鳥のいる水田風景は観光資源のひとつだ。

「地域の環境は、すぐに変わるわけではない。だんだんに水が変わり、生き物が変わってきた。それが農家の意識も変えた。いまの一番の自慢は、清流と空気です。こういう道を歩めたのは、都市部の消費者との交流が基本にあったからこそだと思っています」(清水《しみず》清也《せいや》組合長)

冬には水田に白鳥が舞い降りる
(写真提供：JAささかみ)

減反反対運動から都市部消費者団体との交流へ

JAささかみで生産される米の約7割は、首都圏にあるパルシステム生活協同組合連合会(以下、パルシステム)に産直米として出荷される。両者(当時は前身の笹岡農協)が出会ったのは1978年。以後、実に30年以上の提携関係が続いている。

そのころは食糧管理法のもと、米の産直は許されていなかった。それが始まるまでの10年間、相互交流を重視した独特の提携関係を築き上げてきたのである。

71年に始まった減反(生産調整)でも米余りは収まらなかったため、政府は78年から管理指導体制を厳格化する。生産調整面積を超えて作付けした農家には、穂が実らないうちに刈り取る“青刈り”を強制した。この事態に、笹神村では村あげての反対運動を展開。減反達成率は18.7%と「全国ワースト1」を記録し、テレビでも大きく報道された。

それを見たパルシステムの幹部が「共感した。米の産直をしたい」と笹岡農協を訪れる。だが、食管制度下では農協が独自に米を販売できない。ふつうなら、ここで話は終わっていただろう。ところが、このとき、後に組合長となる五十嵐寛蔵《いがらしかんぞう》専務が、「米の産直はできないけれど、人間同士の交流をしよう」という思いがけない提案をする。

「４年間、交流事業だけです。五十嵐さんは、『何年か後には必ず食糧管理法は崩れる。そのためにも消費者との結びつきを強めておいたほうがいい』と言っていた。将来を洞察できる、すぐれた指導者がいたことが大きかったのです」(清水組合長)

その五十嵐氏を人生の師と仰ぎ、JA 職員として、有機農業運動やパルシステムとの交流事業を牽引してきた人物がいる。71 年に農業高校を卒業して入職した石塚美津夫さん(1953年生まれ)だ。

「まさに反骨精神を絵にかいたような人でした。私は農民哲学と人間哲学を五十嵐さんから学んだ。彼は、『交流で人間関係ができれば、いずれ食の流通につながる』と考えていました」

現実に４年後の82年、「米がダメなら、加工して餅の流通ができないか」という生協側の提案で、笹岡農協は小さな餅加工場を建設し、正月用の餅の産直を始める。産直品は、柿や椎茸、馬鈴薯などにも広がった。

「減反で青刈りした稲をなんとかできないか」という産地の声に生協からのアイデアが加わり、「田舎の心や昔の技術を都会に売ろう」と、しめ飾りも商品化される。これは、高齢者の大きな副収入につながった。早朝２時ごろに起き出して作業に熱中する老父母を心配して、「うちのじいさん、ばあさんを殺さないでくれ」という“苦情”が農協に寄せられるほどだったという。

「通常、モノの産直から交流が始まります。交流は後からついてくるもの。ところが、私たちの場合、まず交流があり、それをベースにパルシステムから産直品を育ててもらった」(石塚さん)

そして87年、農水省が特別栽培米制度を施行し、特別栽培米に限って産直を認めると、翌年に米の産直へ乗り出した。

ふるさと創生資金で堆肥センターを建設

とはいえ、笹岡農協がすんなり産直に向けて動き出したわけではない。

産直を実現するには、特別栽培に取り組まなければならない。農協では、土づくりにも減農薬運動にもまったく無関心だった。病虫害が発生しやすい山間部では、農薬と化学肥料なしでは米は栽培できないというのが常識だったからだ。営農指導員だった石塚さん自身、「さんざん農薬と化学肥料を使った多収のための技術を教えてきた」と語る。

なにしろ新潟産コシヒカリは一般流通でも引く手あまたで、黙っていても売れた時代である。しかも、米王国といわれた新潟県では、各農協が上部組織の新潟県経済連（現・全農にいがた）に出荷して販売を任せるシステムが強固に守られていた。一農協が独自に販売に乗り出し、既存の流通を壊すことを自粛する空気も強かった。

そうしたなかで石塚さんは、何度も座談会を開いて農家を説得し、10人で試験的に特別栽培を始めた。取り組み農家は1990年に24人と少数派の域を出なかったが、笹神村は「ゆうきの里ささかみ」を宣言し、農協と行政が連携して環境重視の村づくりへと舵を切る。

笹神ゆうきセンターで生産される堆肥

これを受けて91年、笹神村は竹下政権下で交付された「ふるさと創生資金」の大半をつぎ込んで、堆肥センター（「笹神ゆうきセンター」）建設に着手する。商工業界からは批判もあったが、村長が「笹神村の基幹産業は農業。土づくりが村づくりになる」と押し切った。

地元の酪農家・養鶏業者から出る畜産糞尿と籾殻などを原料に、土着菌を活用して発酵を促進するBMW技術も導入して生産される堆肥は、「ゆうきの子」と名付けられた。しかし、利用者は少なく、稼働1年目の92年には1500万円の赤字を計上。「ゆうきの里ささかみ」の村づくりは、暗礁に乗り上げかける。

転機は、「百年に一度の大凶作」といわれた93年の大冷害だった。管内の作況が56％に落ち込んだにもかかわらず、堆肥を散布していた水田は収量があまり落ちなかった。「やはり土だ」という声が農家の間に広がり、特別栽培が一気に増えたのだ。

翌年、堆肥利用者は90人を超えた。笹神ゆうきセンターを核とした地域資源の循環システムと、地域ぐるみでの環境保全型農業への転換は、これを機に大きく動き出す。現在の堆肥利用者は400人を超えるまでになっている。

農協・生協・行政の連携で食料農業推進協議会を設立

JAささかみは1996年、第1回環境保全型農業推進コンクールで農林水産大臣賞を受賞し、その存在を全国に知られていく。

そして、出会いから22年後の2000年、交流事業は新たな展開に向けて動き出した。産直交流事業を一歩進め、旧笹神村を未来永劫の食料基地として維持するための提携関係を構築しようと、パルシステム・JAささかみ・笹神村の三者で「食料と農業に関する基本協定」を締結。「食料・農業推進協議会(以下、食農協)」を設立したのだ。

「消費者＝お客様」という消費者主権論とは一線を画し、生産者は農業によって地域の環境を守り、消費者は食べ支えることで環境保全に参画するという相互の役割を明確化。両者の提携関係を軸に、共通認識をもった産直品の共同開発もすすめるのが、食農協の役割だ。開発された商品はパルシステムとの産直ルートに乗せる。

ここで特筆したいのは、転作大豆を利用した豆腐工場の建設と、その運営会社(株)ささかみの設立である(02年)。資本金2000万円の55％をJA、45％をパルシステム、新潟県総合生協、パルシステムと提携する豆腐メーカーの共生食品(株)が出資した。

この時期、旧笹神村の転作率は30％を超え、大豆栽培面積は約200haに増えていた。当然、転作大豆を安定的に販売できるシステムづくりが大きな課題になる。

「水がきれいだから、豆腐を作ってみないか」というアイデアは、生協サイドから生まれた。村には、五頭連峰から流れる伏流水が湧き出す湧き水が7カ所もある。地元にとって当たり前の風土が貴重な地域資源だと気づきやすいのは、外部の人間ということかもしれない。

豆腐工場の建設は、製造段階で出るおからが堆肥原料になるなど、有機物循環システムの一環を担うことにもなった。笹神ゆうきセンターでは現在、おから、クズ大豆、米ぬかを原料にした有機質肥料おからペレットの試作にも取り組んでいる。

豆腐工場も堆肥センターも、地元雇用の創出という点でも大きな意味をもつ。籾殻を各農家から回収して堆肥センターに運び、生産された堆肥を利用農家の水田に散布する仕事は、大規模農家の副業となっている。有機物とともに地域経済も循環しているのだ。

04年には食農協にかかわる諸団体によって、NPO法人食農ネットささかみが設立された。生協が産直販売額の1％、JAが米1俵あたり30円を拠出して運営費にあて、交流事業や産直品の共同開発に取り組んでいる。

いまでは、サマーキャンプ、田植え・ホームステイ草取り・稲刈りのツアー、職員研修などで、多いときは年間2000人近い生協組合員や役職員が訪れる。金額にして3000万円規模のグリーンツーリズムが交流事業のなかで自然に生まれたといっていいだろう。

「最初は86年のサマーキャンプで、470人もの生協組合員がバスを連ねて訪れたんです。稲作を体験してもらおうと、8月に苗を用意して田植えを、隣の水田で稲刈りを体験してもらったら、『季節感がない』と生協の理事長に怒られた。たしかにそうです。それから田植えツアーと稲刈りツアーが始まりました」（石塚さん）

現在のサマーキャンプでは、子どもたちが畑をまわり、農家から野菜を調達して料理体験を行う。スーパーに並ぶ野菜しか見たことのない子どもたちに、トマトやキュウリが育つ姿を実感してほしいという産地側の企画だ。

夜の交流会では、JAささかみ女性部の手作り料理が大皿で並ぶ「エコ食堂」が開店する。かつてはエビフライなど地元にとってのご馳走の仕出しを頼んだが、意外

職員研修で草取り体験をするパルシステム職員。左端が石塚さん

に人気がない。地元でいつも食べている手作り料理にしたところ、食べ残しが激減。残滓が出ないことから「エコ食堂」という名がついた。

水田の生き物調査も、生協の組合員とともに行う。農法の変化が水田の生き物たちをどれだけ蘇らせたのか、それぞれの生き物たちが、いのちの連鎖のなかでどんな役割を果たしているのかを体感してもらう、大切な機会だ。この調査は、都会の消費者以上に、自分の選択する農法ひとつによって見慣れた水田の風景がどれだけ変わるのか目の当たりにした生産者の意識を変える役割を果たす結果につながっているという。

生き物が蘇り、風景が変わり、ひとが変わる

農協、生協、行政が連携した環境保全の取り組みは、地域の農法を変え、生き物たちを蘇らせ、風景を変えた。さらに、五頭連峰の麓にある温泉郷でも、農協の運動に呼応して合成洗剤から石けんに切り替え、川の水を汚さない運動を始めるなど、農業者以外の住民の意識まで変えた。

一方、パルシステムとの交流を軸に地域資源の循環と有機農業運動をJA職員としてすすめてきた石塚さんは2008年、定年まで5年を残してJAを退職した。現在はオリザささかみ自然塾という農家民宿を営みながら、有機農業に専念。約6haの水田で有機栽培・特別栽培を行い、ふゆ水田んぼ(冬期湛水田)など、新たな有機栽培技術の実験を続けている。

「09年で有機農業を始めて14年になります。やればやるほど、有機農業は片手間ではできないと思い、JAを辞めました。冬も水田に水を張っていると1年中作業が途切れることがないんです」

初夏、ホタルの舞う季節になると、夫婦で缶ビールを片手に出かけ、畦道でホタルを眺めながら晩酌を楽しむ。野菜や米はもちろん、鶏を飼って卵を取り、新たに飼い始めたヤギの乳を飲む。味噌や納豆も自家製だ。「食卓自給率は有機で7割程度。これぞ人間らしい暮らし」と笑う石塚さんは、ふゆ水田んぼを始めて改めて気づいたことがあるという。水田に増え出したイトミミズの存在だ。

「イトミミズは、頭を下にして有機物を食べて分解し、お尻を上げて糞をかき上げる。その糞が田

んぼの表面に堆積して土をつくり、雑草の発芽も抑える。

ぼくは若いころ、農薬や化学肥料をどんどん使えと技術指導してきた。いまもそれが全国で行われています。どれだけ環境に負荷をかけてきたかわからない。イトミミズは、その病んだ土を一生懸命修復してくれていると思っています。田んぼの神様なんです」

08年には、「有機の心を祈る」場として、「糸蚯蚓《いとみみず》神社」と名付けた小さな祠《ほこら》まで自前で造ってしまった。笹神地区には粋な神主さんがいるもので、完成時には、イトミミズを大御神と称える創作の祝詞《のりと》を読み上げてくれたという。

その一方でJA職員だった04年から、「夢の谷ファーム」の開拓を始めている。生産調整と米価下落、さらに農家の高齢化も重なって、笹神地区でも区画整備されていない山あいの水田で耕作放棄が目立ち始めた。そんな小さな水田を借り、パルシステムの組合員や役職員、団塊世代の非農家の有志約20人と、復元に取り組んでいるのだ。復元した水田は1ha近くにまで増えた。

「昔の原風景を取り戻したいんです。団塊世代の多くは幼いころ、なんらかの形で農業とかかわってきた。いまになってまたやりたいと思っても、フィールドがない。こちらは手間が足りない。そこから生まれた運動です。これを広げていけば、『ほんまもんの消費者』が増えてくるはずです。もっと早くからこうした取り組みが広がっていれば、日本の農業は違っていたかもしれない」

日本ではいま、農産物の価値を価格だけで判断する消費者が大半である。だが、石塚さんはこう考えている。

「消費者・生産者という枠を超えた生活者として農を捉えることが必要です。農産物の背景に、環境や地域、農民の生きざまや思い、生き物の姿が見えなければいけない。産直の本来の意味は、農産物の背景にある物語をいかに伝えるかにあるはず。それがなければ、ただの通信販売と同じです」

〈榊田みどり〉

イトミミズに感謝をこめて建立された糸蚯蚓神社

有機で育てる人・産地・地域

JAやさと（茨城県石岡市）

茨城県石岡市のやさと農業協同組合（以下JAやさと）は、有機農業への積極的な取り組みと、有機農業をめざす新規就農者に向けた独自の研修制度で知られている。２年間の研修を経て、毎年１世帯ずつ合計９組が独立。全員が農家として地元に定着した。先駆的といわれる試みの源泉には、産直で培った消費者との交流と、生産者と流通とをつないできめ細かく調整する努力がある。

農家で暮らしをたてる

武藤大悟《だいご》さん（1977年生まれ）、朝子《あさこ》さん（75年生まれ）夫妻は2005年、JAやさとの「ゆめファーム新規就農研修事業」の研修生となった。研修圃場での２年間を終えた07年の春からは、自前で借りた畑での経営をスタート。現在は数カ所合わせて約180aを耕す。作っているのは葉物や根菜に果菜など。春夏秋の旬に合わせてJA出荷用を４～５種類ずつ。自家用も合わせると年間数10種類になる。すべて有機栽培だ。

東京育ちの大悟さんが農業に興味をもったきっかけは、大学生のころに世界の食糧問題を知ったこと。多国籍企業の商社による食糧支配と、そこから生じる貧困問題に、ささやかでも抗いたい。ならば自分が農家になろうと考えた。そこで、卒業後３年間のサラリーマン生活を経て、まず茨城県水戸

研修第７期生、独立して３年目になる武藤大悟さん・朝子さんと、大晴《たいせい》くんファミリー

研修用の農場「ゆめファーム」。140aの畑を1年目と2年目の研修生が、それぞれ70aずつ耕作する

市にある日本農業実践学園で実技を学ぶ。

「就農者のなかには、いきなり飛び込んで畑を開墾し、家も自分で建ててしまうようなバイタリティあふれる人もいますが、私は慎重に、ひとつずつステップを踏みました」

実践学園での1年間は楽しく、農業が性に合っていると感じた。続いて、仕事として勤まるかどうかを確かめようと、群馬県内の農業法人で働く。夜まで続く野菜の出荷作業は大変だったが、独立してやっていく自信がついた。

この間、実践学園で知り合った朝子さんと結婚。3ステップ目として、JAやさとの研修事業の門を叩く。

「就農するには軽トラックやトラクター、当面の生活費などが必要です。私たちは400万円ほど貯えていましたが、まるっきり自分たちで始めるには不安があります。作った野菜を販売しながら補助を受けられる研修が、そのハードルを低くしてくれました」

研修中に2年後の独立を見越して農地を確保し、自前の資金を使ってトラクターやパイプハウスなど必要な機械や資材をそろえていく。それでも、独立時には貯金の半分が手元に残っていた。

「研修中も独立後も、計画して作った野菜は農協が売ってくれます。作ることに集中できるのも、ありがたいですね」

独立して2年。農業で生活できるめどはたった。今シーズンの販売目標額は400万円だ。では、10年先の目標は？

「家を建てて、秋にはお客さんといっしょに収穫祭をしたいですね。野菜だけでなく、小麦や卵なども自給していきたいです」

定着率100%の研修事業

ゆめファーム新規就農研修事業では、1999年から毎年1家族の研修生を受け入れてきた。研修期間は2年。現在も2家族が研修中だ。研修は夫婦単位。期間中はJAやさとから毎月16万円の助成金を受ける。年額192万円のうち半分の96万円は茨城県ニューファーマー育成事業の助成金をJAが受け取った額。残りはJAが独自に助成している。

研修生は、JAやさとの斡旋で軽トラックと住居を自前で確保する。一世帯あたり約70aの研修農場とトラクターや管理機などの農機具は、JAが貸し出す。

これらを利用して、研修当初から各自で計画をたて、出荷に向けて作付けていく。収穫した作物はJAやさとを通じて販売。年間96万円の研修費と個人用の資材経費を差し引いた売上額は、研修終了時に受け取れる。JA職員としてこの制度を創設した柴山進さん(現、NPO法人アグリやさと代表)は言う。

「JAやさとが助成した年間96万円は、最終的に研修費として返してもらうわけです。だから、JAの負担は農場と農機具の提供だけ。研修生には厳しいかもしれませんが、スムーズに独立するためにも、最初から一農家として出荷に参加し、経営感覚を身につけてほしいと考えました」

柴山進さん。JAやさとの産直をリードし、有機栽培の導入をすすめてきた

研修農場ゆめファームは日当たりのよい一等地。毎年の土づくりの成果で「何でも穫れる畑」だといわれる。とはいえ、ここには手取り足取りの指導はない。

先輩有機農家の作業を見に行き、自分の畑で真似をする。やってみて疑問があれば、また質問。研修2年目になる鬼塚忠之《おにづかただゆき》さん(78年生まれ)は、たとえば小松菜ひとつにしても、種を播けばできるものではなく、なかなかむずかしかったと話す。

「最初の年は、『しっかり計画して作らないと暮らしていけない』

と実感しました。また、カメムシの被害でナスがほとんど売り物にならなかったり、稼ぐのは思った以上に大変ですね。今年は、キュウリやオクラなど比較的作りやすい品目にしぼって取り組むつもりです」

失敗を静かに見守るのは、研修生を担当するJAやさと営農指導課の市村政幸さんだ。

「野菜は工業製品とは違って、天候が変わるなどの理由で思いどおりにいかないことも多いんです。大切なのは失敗からどう立て直すか。最初は手遅れになって全滅だったのが、経験すれば半分でも穫れるようになります。だから、研修生には『このままでは失敗するな』と思っても、よほどでないかぎりアドバイスしません。研修中にたくさん失敗して学んだほうがいい。独立後の失敗はダメージが大きいですからね」

視野はあくまで独立後。定着率100％を支える一つの理由は、突き放しているように見えるけれど、じつは農家の自律性を育てる研修方針にある。

研修２年目に入った鬼塚忠之さん・美奈さん。長男の日向吾《ひゅうご》くんは５カ月。有機栽培部会はベビーブームだ

就農しやすい有機農業

旬に作る有機栽培の露地野菜は、施設や機械などへの投資が比較的少なくスタートできる。限られた資本でイチから始める人に都合がいい。研修生は当初から、JAやさと有機栽培部会の部会員となる。

「研修制度は有機栽培部会があったからこそ立ち上げられたし、続けられたと思います」(柴山さん)

有機栽培を行う地元農家は、新規就農者との間に感覚的なギャップが少ない。また、JAが有機野菜について独自の販路を広げているから、地域内でシェアを食い合う心配もない。

JAやさとが管轄するエリアは、石岡市の農村部である旧八郷町。

町内には消費者運動から始まった有機農業の草分け的グループが1970年代に入植して以降、有機農業を志す新規就農者や地元農家が少しずつ増えてきた。一方、JAでは「モザイク状の小さな畑を女性や高齢者が担う」地域の特徴を活かそうと、東京都の東都生協と協力して少量多品目を契約出荷する「地域総合産直」に取り組んだ(**表1**参照)。

産直の担当として生協や消費者との関係づくりを長年すすめてきた柴山さんは、80年代後半から、八郷を有機農業の町にしたいと思い始める。安全・安心への要望の高まりを受け、JAが有機栽培部会を設立したのは97年。その2年後に、研修事業が始まった。

JAやさとでも他の農協と同じく組合員の高齢化が悩みだが、有機栽培部会には30歳前後の若い就農者が毎年増えている。部会員数は設立時の7世帯から現在は28世帯。このうち約3分の2が新規就農者だ。

販売額は10年間で10倍以上の伸びを示し、2008年度には約1億1300万円にのぼった。農協が販売する蔬菜類の2割弱にあたる。

表1　JAやさとの産直と有機農業の歴史

年	できごと
1976年	たまごの産直を開始
82年	ブロイラーの産直を開始
85年	生しいたけの産直を開始
86年	野菜の産直を開始
87年	コシヒカリの供給を開始
88年	納豆用極小粒大豆の供給を開始
	水田への農薬の空中散布中止
89年	黒豚を導入、納豆工場の完成
90年	平飼い卵・地鶏の供給を開始
95年	こだわり野菜「グリーンボックス」の供給を開始
	日本生活協同組合連合会へ加盟
96年	東都生協体験田で合鴨農法を開始
	第1回全国環境保全型農業推進コンクールで優秀賞を受賞
97年	有機栽培部会を設立
98年	有機野菜出荷を開始
99年	新規就農者研修制度を開始
2001年	有機栽培部会の生産者全員が有機ＪＡＳ認証を取得
03年	有機栽培部会が茨城県の「園芸きらり賞」を受賞

柴山さんが言う。

「産直は新たな地域の参入で苦戦しています。でも、有機栽培を手がける産地は少ないですから、そこをアピールしていける。さらに『有機のやさと』として地域のブランド力が高まると、地鶏や納豆などの地場産品を同時に販売できるメリットもあります」

有機の特徴を理解して売る

とはいえ、有機栽培部会の売り上げを伸ばす過程では、いくつもの苦労があった。

産直では、数カ月前に各作物について出荷数量の計画をたて、それに合わせて作付けをする。その後は産直先と調整しながら、1週間前に最終的な出荷数を決める。規格に合った品物を予約を受けた出荷日に希望数だけそろえるのは、なかなかむずかしい。

当初は、時期に合わせられなかったり、欠品を恐れて多く作付けたりと、問題が多かった。そこで、研修会を開くなどして情報交換し、メンバー全体の技術力アップを図っていく。そうした努力の結果、いまではアクシデントがないかぎり、かなり正確に出荷できるようになった。

技術が向上し、部会員の数が増えると、部会全体の生産能力が拡大する。作った野菜が取引先の生協だけでさばききれなくなり、新たな販路獲得に乗り出した。有機野菜の販売は、東都生協の「こだわり野菜グリーンボックス」の数品目から始まった。現在では、よつ葉生協、大阪パルコープなどの生協と外食系仲卸会社、石岡中央市場と東京の大田市場にも出荷されている。

有機野菜を販売するうえでは、一般の野菜とは異なる事情を知る必要がある。まず出荷時期。農薬に頼らないから、野菜がすんなり育つ旬に作ることが大切だ。次に規格。農家の努力と技術向上の結果、今日では穴だらけの野菜はないが、それでも一般野菜と同じ土俵に載せて比較するべきものではない。

また、露地野菜では、いくら技術が高まっても、たとえば台風や予想以上の気温の変化の影響で、予定日に数がそろえられないケースがあり得る。そんなとき「よそからの代替がきかないから欠品は許さない」という相手では困る。農家は最大限の努力をするが、流通側も有機栽培を理解していなければ取引は続かない。当初の数年間は生産と流通のギャップを痛感したと、市村さんは言う。

「市場に持ち込んでも二束三文でした。旬の出荷のため品物はだぶついているし、一般の野菜と並べて姿を比べられましたから」

1999年にJAS法（農林物資の規格化及び品質表示の適正化に関する法律）が改正され、有機農産物の認証制度がスタートした。変化が起きたのは、その数年後。消費者の理解がすすんで、有機野菜の価値が認められるようになった。

市場にも「有機」の指定で注文が入り始める。一般品とは別扱いに変わり、現在では１週前に予約を受けての出荷も行われている。取引先との信頼関係が築かれれば、有機野菜は価格も数量も比較的安定した販売が望める、と市村さん。

「有機を選ぶお客さんは、ほかの野菜の値段にあまり左右されず買ってくれるようです。注文が急激に伸びはしないけれど、落ち込むこともないのが、有機の特徴ですね」

手間をかけて価格を保つ

「有機栽培部会の生産者があらかじめ申告した出荷数量は、すべて農協がさばきます」と市村さんは言う。だが、品目は多岐にわたり、販売先も多い。各農家の出荷数量の調整も簡単ではない。

「手間をかけて売るのはJAやさとにとっては当たり前なんです。産直で長年やってきましたから」

たいていの農協は特産物に品目をしぼりこんで、効率的な販売をめざす。一方、JAやさとは人材を多く配置して手間をかけ、取引先との関係を密にすることで、より高い値段で売る道を選んだ。

「たとえば、販売額６億円の野菜に対してJA担当者は６人です。他農協では信じられないと驚かれますよ」

産直といえば、消費者のニーズを直接つかんで販売に反映できる点に目が向く。たしかに、JAやさとでは生協の求めに応じて自前の納豆工場を建設し、平飼い卵や地鶏の生産を始め、田植えや稲刈りなど消費者との交流も行ってきた。しかし、有機野菜の販売でもっとも重要なキーポイントは、産直を通じて培った農協内の組織のあり方、そして農協全体の経営方針だろう。

全部で約5haの畑は20カ所に分散している。「私は種播きしないので、どこに何があるのかわからなくなります」と山崎さん。左は連れ合いの坂下定雄さん

研修事業１期生の山崎左千子さん(1957年生まれ)は就農以前、生協組合員として仕入委員会の野菜部会代表委員を務めた経験がある。それを活かして、販売先生協との交渉にも積極的にかかわってきた。

「農家が自分たちの生産体制を整えていくことと、売り先を確保していくことの両方があって、産地として大きくなれるわけです。販売は農協の仕事だからと任せきりにして、農家が言われたとおりに作るというのは、おかしな話ですよね。主体は組合員の農家にあって、どうしたいのか意見を出す。そうやって決めたら、責任をもってできるじゃないですか」

こうした意欲的な生産者と一体となって販売額を伸ばしてきたJAやさとの有機栽培部会。最近は安定期に入り、毎年５％程度の着実な成長を続けている。

有機農業で地域を活性化

ゆめファームの研修生は、２年目の秋までに農地を探し、独立後の準備を進めなければならない。2009年の春に修了した酒井裕介《ゆうすけ》さん(1980年生まれ)は、有機栽培部会の地元農家の紹介をきっかけに数カ所で合計約170aを確保。ほどなく、すぐそばの家も借りられた。

「畑を耕していたら、近所の人が声をかけてくれたんです。住む場所を探していると話すと、『目の前の家が空いてるから、よかったら使え』って、貸していただきました。研修中はアパート住まい

この春、研修を終えて独立した酒井裕介さん。夏野菜は苗作りから取り組んだ。第二子の誕生で妻の幸江《さちえ》さんは畑を育休中

でしたから、ほんとうにありがたいですよ」

研修生たちは「毎日畑に出て熱心に作業している」と、近隣から好意的に受け入れられている。若い世代が多くを占める有機栽培部会は、ここ数年ベビーブームの様相。少子化傾向の地元では、その点でも歓迎なのだ。

有機栽培部会長の廣澤和善《ひろさわかずよし》さん(1955年生まれ)は、地元農家として部会設立当初から有機農業に取り組んだ。しかし、地元からの参入はなかなか増えないという。

「有機で作るのはやはり大変。ふつうに生産したほうが簡単ですよ。それでも有機を選ぶのは、環境や食の安全など、これまでとは違った価値観をもったからです」

廣澤さんは生協との産直を通じて長年にわたって消費者の声を聞き、地元だけでは気づかない視点に出会った。

「都会から来る消費者の方も、部会に入ってくる新規の仲間も、八郷の農村風景や文化が素晴らしいと言うんですよ。私にとっては当たり前のことで、大きな価値とは思っていませんでした。でも、みんなが同じようにほめるので、『なるほど八郷はいいところだな』と、しみじみ感じるようになりました」

農業で生きていくためには、生活できる条件が担保されなければならない。身にしみてそう実感してきた地元農家は、年間販売額に敏感に反応する。山崎さん夫妻はパートの手伝いも借りて年間2000万円を売り上げるし、夫婦２人の販売額が750万円という新規就農者もいる。こうした話を聞いて、「有機でどれだけできるのか？」と斜めに見ていた地元農家も、「そこまで売るのか」と認識を改めてきたと、廣澤さんは語る。

廣澤和善さん（前列左）・千代子さん（前列右）夫妻と後継者の剛さん・慧璃さん夫妻（前列中央）、中国からの３人の実習生（後列）を加えて、年間約2400万円を売り上げる

「有機栽培部会では、作ったものを安定した値段で販売できるシステムを整えてきました。多品目を売るという産直のスタイルを信じて続けてきた結果、『有機の八郷』が知られるようになった。これはモノのブランドではなくて、システムのブランドなのかもしれませんね」

廣澤さんの農園では08年から、長男の剛《つよし》さんと慧璃《えり》さん（ともに83年生まれ）夫妻が後継者として営農に参加している。

「環境のことにも興味をもったし、農家は人と違うことをしていかないとね」と剛さんは意気込みを語ってくれた。

また、今日では農業の現場でも農協や斡旋会社の紹介で雇用される外国人労働者が増えている。廣澤さんの家でも、中国からの研修生（２年目からは技能実習生）３人が住み込みで働く。

08年にはJAやさとを中心に、石岡市の行政、有機栽培農家、消費者が集まる「いしおか有機農業推進協議会」が発足。有機農業モデルタウンとして、有機農業公園のプランニング、学校給食や食育への有機農家の協力、新規就農者支援のいっそうの充実など、有機農業を通じて地域をより元気にしていく活動が模索されている。

消費者の安全・安心だけでなく、有機農業は地域に新たな人材を呼び、地域の農業を活性化させる力をもつ。その力にいち早く気づき、地域づくりに活かしているのが、JAやさとなのである。

〈新田穂高〉

農から食へのつながりを取り戻す

伊賀の里モクモク手づくりファーム（三重県伊賀市）

伊賀の里モクモク手づくりファームは三重県伊賀市にある農業公園。約14haの園内とその周辺には、牧場やイチゴハウスのほか、ウィンナーやパン作りなどの体験教室、ハムや地ビール、パン、ミルクなどの加工場、レストラン、直売所、温泉、コテージなどが点在する。車で大阪から約１時間半、名古屋からは約２時間。農業振興を目的に設立されたファームは、７店の直営レストランを展開するまでに成長した。

人気の秘訣は、基本に農業を据えながら生産、加工、流通をつないだこと。子どもたちの元気な声と、お母さん・お父さんたちの笑顔でいっぱいのファームを訪ねれば、農業のもつ可能性にあらためて気づかされる。

農業版テーマパーク

春休み、モクモク手づくりファームのコテージに泊まった。１棟に４〜８人が宿泊できるドーム型のコテージは全部で39棟。平日にもかかわらず、家族やグループの利用でほぼ満室である。

宿泊者だけのお楽しみが「朝のひと仕事」。畑での植え付けや収穫など季節ごとの農作業体験に、追加料金なしで参加できる。

一番人気はジャージー牛の乳

家族で泊まれるドーム型のコテージ。滞在すれば無料で朝の農業体験ができる

ジャージー牛のエサやりと乳搾りは、一番人気の体験メニュー

搾りだ。6時半に集合した約50人は、ほとんどが小学生以下の子どものいるファミリー。2台のマイクロバスに乗り込んで500mほど離れた牧場に向かう。

「おはようございまーす。これから行く牧場には、ジャージー牛っていう牛さんがいます。ここで搾られる牛乳は、朝食のレストランでも飲んでもらえますからね」

スタッフの元気な説明は、バスの中から始まった。身振り手振りを交えた話に、子どもたちの目が輝いている。なんとなく、東京ディズニーランドのジャングルクルーズの船内で案内するお兄さんを思い出した。バスを降りると、まずは牛さんにご挨拶。

「首のところを、静かになでなでしてあげてください。それから、触ったまま5秒待って、牛さんの体温を感じてみてください」

一人ひとり順番に牛に触れたら、併設するミルクプラントを見学して牛乳の製法を教わる。次にエサやり。

「牛さんたちのご飯は牧草です。あげる前に、どんな味がするか、噛んでみてください。何の味がしたかな？」

こんな調子で子どもたちは体を使って酪農を知る。さらに、糞を処理する堆肥場を見学して、一人ずつ乳搾り。最後は、子牛に哺乳瓶でミルクをあげる。可愛いけれど、想像以上に勢いよくミルクを飲む子牛たちに、子どももおとなもびっくり。体験の1時間弱はあ

バイキング形式のレストラン。新鮮な野菜とオリジナルのハムやパン、牛乳など、安全と美味しさで人気

っという間だった。

続いて、バイキング形式の朝食だ。ジャージー牛乳をはじめ、ハム、ウインナー、パン、ご飯、イチゴ。いずれもファームで作られた逸品が並ぶ。さまざまな料理にアレンジされた大豆や野菜は、ファーム内の直売所で買える。新鮮な材料を使っているだけに、どれもが美味しい。

「農業版テーマパークなのかもしれないな」

テーブルを囲んでバイキングを楽しむ家族の姿に、そう思った。ドナルドの代わりに牧場のジャージー牛、ミッキーの代わりに園内に放し飼いされたミニ豚がいる。

食事後は園内の施設や周辺の畑を歩き、スタッフに話をうかがいながら、ファーム成長のポイントを探った。多くの人を惹きつけるための要素は、徹底した顧客管理、魅力あるコンテンツを生み続ける企画力と、支える人材だ。そして、これら商売としては当たり前の答えを根底でまとめるキーワードこそが、農業なのである。

年間集客50万人

現在のモクモク手づくりファー

パンの材料には地元産の小麦、農林61号を使っている。グルテンを加えてふんわり仕上げる

ウインナー、ハム、ビール、パン、大豆。加工品は素材にこだわった無添加が魅力

ムは、5つに分かれた法人組織(まとめてモクモクと呼ばれる)のもと、幅広い事業を展開している。全体の売り上げは約42億円(2008年度)。役員総合企画室で広報を担当する浜辺《はまべ》佳子《よしこ》さんは言う。

「事業の3本柱はファーム、通販、直営レストランです。それぞれが売り上げの3分の1ずつを担い、バランスがとれています」

事業の中心となるファームは、食育やレジャーを目的とする公園のほか、近隣農家との協力と自前の農場による生産、ハムやパン、ビール、牛乳などの加工を担う。年間の集客数は50万人。一番人気のイベントである、ミニ豚ダービーを開催する5月と10月の休日には、1日約1万人が訪れる。

「この日は名阪高速のインターから渋滞して、8kmに40分かかります。ご近所にも迷惑をかけているので、あまり集中しないように考えたいんですけれども」

通販ではファームオリジナルの農産物と加工品を提供する。ファーム内やレストランに併設する直売店での販売も含め、お歳暮で7万包、お中元で5万包の売り上げがあり、三重県内ナンバーワンのギフトになっている。

「通販は、会員になると利用できます。ファームやレストランを訪ねて、ハムやパンやビールの味を経験した人が、その後に買ってくださいます」

レストランは三重県内の4店舗と滋賀県内の1店舗、名古屋市内の2店舗を展開。農場直営で新鮮かつ安心な食材を使ったバイキングビュッフェが好評で、年間70万人が利用する。

「レストランは有料の試食の場でもあります。ファームの食材を販売する直営店が隣接していますから、美味しかったらお土産に買っていただける。さらに、通販にもつながります」

つまりモクモクでは、農業の生産だけでなく加工、流通、販売までを手がけることで相乗効果を生み出している。職員数は約130人。畑や牧場などの生産現場に14人、加工部門に約50人、残りは企画とサービス部門である。そのほか、パートが約120人、アルバイトが約400人。アルバイトの多くはレストランのスタッフだ。

「職員に一番人気は生産現場なんです。そこで、どこの部署からも、年に何日かは畑や牧場に出られるようにしています」

養豚振興から始まって約20年

モクモクの歴史は、1988年に地元の養豚農家19人を中心に設立した「手づくりハム工房モクモク」から始まる。現在、代表社長理事を務める木村修さんは、もともと三重県経済連(現在のJA全農みえ)で食肉を担当していた。木村さんは、この地域の豚肉を地域ブランド「伊賀豚」として確立、その後、付加価値を高めようと加工まで手がける工房をつくる。

当初はスーパーなどでの店頭販売をもくろんだが、見込みほど売れない。風向きを変えたのは「手づくりウインナー教室」だ。地元幼稚園のPTAからの要望で始めた教室は口コミで予約を増やし、工房の主力イベントになっていく。子どもといっしょに参加したお母さんたちは、お土産にハムを買い、その美味しさを知ると、繰り返し買いに来た。

さらに、「その場で食べたい」というお客さんの声をうけて、バーベキューもスタート。ほどなく会員組織のモクモククラブをつくって通信を送るようになり、近隣の農家にはバーベキューで使う野菜を作ってもらった。浜辺さんは言う。

「豚肉だけでなく野菜などの農産物を広く地元で作り、加工し、体験してもらって、販売するというモクモクのスタイルの基本は、このとき自然に生まれました」

95年には1億円の出資金を集め、補助金6億円、国からの借入金8億円をあわせた計15億円をかけて、現在のモクモク手づくりファームをオープンさせる。園内

ビール工房では地元産の大麦から麦芽を作り、季節に応じて数種類のビールを仕込む。美味しさを求めて、スタッフはつねに研究を重ねている

には地元産の大麦を使った地ビール工房も併設した。細川内閣による地ビール解禁を受けた工房は、全国で３番目、東海地区では一番乗り。マスコミにも頻繁に取り上げられて、初年度の集客は９カ月で26万人と順調に滑り出す。

２年後にはビールに合うパンとパスタの工房をオープン。やはり地元産の小麦を使った。

その後、2002年に日本ペットミニ豚普及協会を発足させたほか、同年に直営レストラン（四日市市）、04年に農産物直売所「モクモク元気な野菜塾市場」、05年に宿泊コテージとジャージー牛の体験型牧場施設、07年にクラブハウス付きの農園「農学舎」と、次々に新しい施設をオープンしている。

消費者の声を活かす

モクモクでは、テレビコマーシャルをはじめメディアの広告は一切行っていない。新規の客の大半は、以前に訪れた人から話を聞いて来る。実際にファームを体験してみて、子どもたちは喜ぶはずだし、親、さらには祖父母も満足できるにちがいないと思った。

一度訪れた人を大切にしてファンを増やすための会員組織が「モクモクネイチャークラブ」だ。入会金2000円のみで、年会費はなし。季節ごとに直販カタログや通信が届けられ、通販が利用できるほか、各種割引、交流イベントへの参加、利用金額に応じたポイント還元などの特典を受けられる。

「会員数は約４万世帯、12万人です。エリアは車で２時間圏内の大阪、奈良、滋賀、京都、三重、愛知ですね。今後は会員数を伸ばすとともに、会員さんとのより深い関係を築いていきたいと考えています」

通信には、モクモクに声を届けるための返信用封筒が付いている。年間約5000通が返ってくるという。専門スタッフがていねいに対応し、ときには現場スタッフも返事を出す。増加するメールでの問い合わせに応えるため、2000年からはやはり専任スタッフを置いた。心の通ったやりとりを何より大切にしている。

会員組織のメリットは大きい。それは、消費者の声をファームの運営や新しい企画立案に反映できるというだけではない。

たとえば、01年にファーム内に温泉が見つかったが、掘削資金に農業を対象にした補助金は見込めない。そこで会員に呼びかけ、風呂桶募金として1口5万円の商品券の購入者を募ったところ、約1500人から1億5000万円もの支援を得た。こうして温泉施設が完成したのだ。

「ほかにも、たとえば何らかのアクシデントで野菜や加工品が大量に余ったときにファックスで情報を流すと、たくさんの会員さんから注文をいただけます。みんなモクモクを応援してくれる。本当にありがたいですね」

情熱を支える7つのテーゼ

通販カタログは、スタッフの仕事を紹介して思いを伝えたり、ネイチャークラブの会員とファームとの交流の様子を追うなど、取材記事を中心にまとめられている。編集やデザインはファームの専任スタッフによる。統一されたイメージを保つため、商品のパッケージやラベル、園内の看板なども専任スタッフがデザイン。「補修中」という表示ひとつでも、すべてデザイナーが手がける。

一方、体験の場での解説の仕方をはじめ、園内でのお客さんとの接し方にはマニュアルがなく、スタッフの判断に任されている。朝の乳搾り体験で解説していた、ファーム企画担当スタッフの佐々木重則さんに聞いた。

「どうしたら子どもたちの目を惹きつけられるか、いつも考えています。体験を通じて農業の一端を伝えていきたい。じつにまじめなんですが、楽しさが求められる。

風車で起こした電気で売店のジューサーを回すシステム。ファーム内では環境にやさしい工夫があちこちに見られる

最初はずいぶん悩みましたよ」

ファームには、季節に応じてさまざまなイベントや体験プログラムがある。会員向けには田植え、草取り、稲刈りを経験する「田んぼの学校」や、大豆の栽培から加工まで行う「豆まめクラブ」など、かなり本格的な内容も用意されている。夏には子どもたちだけを集めて、１週間のキャンプが開かれる。

「夏のキャンプは、スタッフとしては大変ですよ。でも、子どもたちが『楽しかった。また来たい』って言うし、お父さん・お母さんには『子どもがグッと成長した』って喜んでもらえます。やりがいがあります」

スタッフの話を聞いていると、立案から運営まで、企画を支えているのは彼らの情熱なのだと感じる。その情熱はどこから生まれるのだろう。

「スタッフ一人ひとりがモクモクを自分のものとして考えているからでしょう。働いているスタッフ自身が出資していますから、利益が上がれば配当として戻ってきます。また、やりたい企画があれば、中心になってすすめられます。セクションをまとめるキャプテンやチーフには、手をあげた人が選ばれるんです」

いまでは、10人の新規採用枠に全国から300人以上が応募するという。動機は、農業にかかわる仕事がしたいから。一人で就農するとなると、休みがとれるかどうかわからないし、収入にも不安がある。その点モクモクなら、仕事と

牧場に併設されたミルクプラントの前で、牛乳について解説。スタッフは身振りを交えて子どもたちを惹きつける

して農業に携わりたいという希望を満たし、生活は安定する。

「ファーム近くに家と畑を探して、プライベートでも農的に暮らすスタッフは多いです」

情熱のいちばんの源は農への思い。その思いを汲み上げる哲学がモクモクにはある。事務所の壁には7つのテーゼが掲げられている。

①モクモクは、農業振興を通じて地域の活性化につながる事業を行います。

②モクモクは、地域の自然と農村文化を守り育てる担い手となります。

③モクモクは、自然環境を守るために環境問題を積極的に取り組みます。

④モクモクは、おいしさと安心の両立をテーマにしたものづくりを行います。

⑤モクモクは、「知る」「考える」ことを消費者とともに学び、感動を共感する事業を行います。

⑥モクモクは、心の豊かさを大切にし、笑顔が絶えない活気ある職場環境をつくります。

⑦モクモクは、協同的精神を最優先し、民主的ルールに基づいた事業運営を行います。

農業応援の風をつかむために

モクモクの事業は、食品加工、レストラン、通販、イベントの企画運営など、単独でみれば農業とはいえない第二次産業、第三次産業の分野が大半を占めている。けれども、考えてみれば、これらはすべて農業を基盤に成り立っている仕事である。

「本来、農と食はつながっているんです。それが見えなくなっているいま、再びつなぎ直して伝えていくことが農業に求められている。私たちが受け入れられたのは、狭い意味の農業の殻を破って、第一次産業と二次、三次産業を掛け合わせた第六次産業をつくったからなんですよ」(木村さん)

消費者の声を聞き、安心で美味しく、さらにはエコロジカルなモノづくりをする。そのうえで、農業の楽しさも大変さも、都市に向けてオープンに発信して交流を深める。すると、都市のお母さん・お父さんたちは、思った以上に農を応援してくれる。

いま、農業には追い風が吹いている。風をつかむには、美味しさを育み、体と自然にやさしい農業の帆(セール)を掲げることだ。

代表社長理事の木村修さん。最近では講演やコンサルティングに忙しく、全国を飛びまわる。「モクモクのような例が各地域にあることが大切なんです」

木村さんに、これから力を入れたいテーマについて尋ねた。

「ひとつは食育です。地元で穫ったもの、作ったものがもっとも美味しいと子どもたちに誇りをもってもらうのは、農業にとっていちばん大事なことでしょう」

たとえばイチゴ狩り。ファームでは食べ放題にはしない。丹精こめて作ったイチゴは、大事に食べてほしいからである。初めの20分でイチゴについて知り、その後10粒だけ食べて、お土産に1パック摘んで帰る。

それでも予約でいっぱいになるのは、説明すれば「食べ放題よりもいいですね」と、お母さんたちが納得してくれるから。求められているのは、きちんとしたプログラムなのだ。

「もうひとつは高齢化の時代に福祉や健康に農業を役立てることです」

たとえばファームの直売所には、近隣農家約100世帯が野菜や花を持ち込んでいる。売り上げの平均は約125万円。作物を運ぶ軽トラックを運転したいと、60歳台で免許を取った人もいる。マイペースで続けられる農業は、高齢者を元気にする生きがいである。

ただし、地元の養豚農家には後継者が育たず、ファームでは鹿児島県の契約農家の豚肉を使っている。もっとも、数年後には自前の養豚場を造る計画で、施設は牧場と同様、糞を堆肥化する設備をもち、食育体験を意識した設計になるはずだ。

「資金の一部は会員さんに呼びかけて集める予定です。きちんとした理念を伝えれば、農業は多くの人に応援してもらえるんですよ」

〈新田穂高〉

多様な地場産業の結節点

木次乳業（島根県雲南市）

出雲空港から車で約30分。奥出雲の地は、山陰の“陰”という字が似つかわしくないほど、陽光にあふれ、空気が澄みわたっていた。めざすは、島根県雲南《うんなん》市木次《きすき》町の木次乳業。奥出雲地域の地場産業の結節点である。木次町は、斐伊《ひい》川の中流域に位置する中山間地だ。豊かな自然の恵みを活かし、養蚕や酪農が盛んで、古来交通の要衝だったという。

自分の足で立つ、家族で立つ、地域で立つ、最後に国で立つ

斐伊川の支流沿いに、木次乳業の社屋と工場は建っていた。資本金1000万円、年商約15億円。奥出雲地域の酪農家35戸中33戸から集乳し、地域の酪農を支える要《かなめ》である。

日本で最初に商品化された低温殺菌（パスチャライズ）牛乳、エメンタールチーズ、スーパープレミアムアイスクリームなどの開発に積極的に取り組んできた。消費者グループとの提携をベースに、島根県内や関西・関東のスーパー・百貨店などの一般流通にも、無理な規模拡大をしない範囲で出荷している。販売比率は、県外6割・県内4割だ。

加えて、低農薬ブドウ栽培や平飼い養鶏などに取り組む農家の経営を支援し、低農薬ブドウのワイン、平飼い有精卵、卵油など、新しい地場産物を作り出してきた。創業者で現相談役の佐藤忠吉《ちゅうきち》さん（1920年生まれ）は言う。

「地場産業を何とかせねば、という旗印を掲げながらやってきたわけではありません。まともなものを食べたいと訪ねてきた消費者に請われて始め、それを長年続けてきたんですな」

木次乳業は、拡大の一途をたどる営利優先企業とは一線を画する。それは、日本列島がバブル景気のあだ花に酔いしれる1989年を「地域自給元年」と位置づけ、50aの田畑を社員が耕し、社員食

堂の食料を自給する「手がわり村」制度を創設したことからも推し量れる。その根底には、忠吉さんの揺らぎない自給の考え方が流れている。

「まず、自分の足で立つ。それから、家族で立つ。次に、地域で立つ。最後に、国で立つ。一人じゃない、仲間といっしょに。だが、個々はそれぞれが自立している」

「手近な地域にあるすべてのものを活かし、自己の生活を自足することから、本当のいのちを養うに足るものの生産が始まり、さらに自給の密度が高くなるにしたがい、個々の力の小ささ、限界に気づき、域内共同の必要を生じるだろう。そこから域内交換に発展し、域内自給が芽生えるだろう」（佐藤忠吉「『牛飼い』仲間が開く地域自給への道」『現代農業』1989年3月増刊号）

酪農家の共同体

1953年、木次町の有志が酪農を始めた。2年後の55年、忠吉さんは同志6名で「木次牛乳」の販売を開始。そのころから、進取の気性に富んだ酪農家は“近代農業の尖兵”よろしく、農薬・化学肥料に依存した農業へと転換していく。ところが、60年代に入ると、乳牛に硝酸塩中毒や乳房炎などが次々と発生する。

佐藤家で農業研修をした経験があり、忠吉さんが盟友と呼ぶ故・大坂貞利さんが、化学肥料を使った牧草が原因ではないか、と言った。そのとき忠吉さんは、養蚕家だったお父さんの行動をつぶさに思い出したという。稚蚕には、山野の落ち葉や藁を原料とした堆肥を施した桑の葉だけを与えていたのである。忠吉さんは牛も同じだろうと考え、山野草主体のエサに切り替えたところ、牛はやがて健康を取り戻したそうだ。

そして62年、学校給食に生乳を納品する関係で、有限会社として木次乳業を設立する。だが、実質はあくまで酪農家の共同体であると、忠吉さんは考えていた。加工・販売まで行ってこそ本当の農民であり、素材生産だけでは都市や加工業者の奴隷にすぎないという強い思いが根底に流れている。

「木次乳業とつきあいのある生産者は、みな百姓です」と、忠吉さんは言う。酪農家では、数頭〜20頭の小規模な酪農と併せて、米や野菜や味噌や木炭などを生産していた。そこで木次乳業は集乳の際、生乳だけでなく、鶏卵や豚肉、野菜などの集荷や配送も引き受ける。単なる乳業会社にとどまらず、生産者と消費者が提携する拠点としての役割を当初から担ってきたわけだ。

72年には、木次有機農業研究会が発足した。研究会では「そもそも酪農は本当に日本に必要か」という命題を徹底的に議論する過程で、北欧の酪農思想に出合う。

北欧では、自給を組み入れた有畜複合経営のもとで生産された牛乳を神聖なものとして、生に近い形で飲んでいる。日本で牛乳が一般家庭で飲まれるようになったのは高度経済成長期以降で、本来はなじみが薄い。しかし、カルシウムが不足しがちな日本人の食生活では、それなりの価値があるだろう。こうして、奥出雲の気候風土に適した脱穀物飼料型の山地酪農をめざしていく。

そして、５年の歳月をかけて低温殺菌牛乳の開発に着手し、78年に販売を開始した。63〜65℃で30分間、あるいは72℃で15秒間の熱処理を行い、病原微生物による危険性を最小限に抑えたうえで、生乳の成分や栄養、風味を損なわない牛乳である。

木次乳業の食に対する真摯な姿勢に共鳴した松江市の「たべもの」の会が、まず共同購入を開始。以後、京阪地区をはじめ、まっとうな食べ物を求める各地の消費者団体や生協へと、低温殺菌牛乳は広がっていく。

行政や流域との連携

木次町は1966年に「健康の町」宣言を行って以来、町をあげて保健・医療サービスの向上や、地域コミュニティ活動の推進に努めてきた。そのなかで、化学肥料から有機質肥料に切り替える農家が、少しずつ生まれる。

75年には、農業委員会、農協、木次有機農業研究会の三者によって、「木次緑と健康を育てる会」が発足する。メンバーは熱のこもった議論を繰り広げ、健康や環境問題への関心が高まっていった。とはいえ、大半の農家は近代農業を行い、有機農家との接点はなかなか生まれなかったという。

一方で、木次有機農業研究会の活動は、忠吉さんの飄々とした人柄も手伝ってか、斐伊川流域に広がっていく。85年には、出雲市と松江市の有機農業研究会とともに、「斐伊川をむすぶ会」を結成。

日登牧場で放牧されているブラウンスイス種。牛たちは健康で乳の質もよい

メンバーには、伝統的な加工技術にこだわる井上醤油店（斐伊川上流）、影山製油所（斐伊川下流）などが名を連ねた。

会の目的は、斐伊川の上・中・下流域が互いに交流を深め、土に根ざした21世紀出雲の流域文化を創造しようというもの。それを実現させたのが、昔ながらの手法で作った自然酒「斐伊川おろち」だ。上流で斐伊川の水を使って酒米を作り、中流で斐伊川の伏流水を使って酒を造り、下流の人が飲むのである。流域のつながりのなかで環境を考える運動は、現在も続けられている。

89年には、忠吉さんの古くからの同志である田中豊繁氏が町長に就任し、翌年「きすき健康農業をすすめる会」を設立した。田中氏は町長就任以前から、農薬の空中散布を中止するなど、環境と健康に対する高い問題意識をもっていた。就任後は「健康農業」を提案し、地域全体を健康に寄与する農業へ誘う方針を打ち出す。

さらに90年、30haの山林を借り、日登牧場を開設した。ブラウンスイスという牛を15頭導入し、山地酪農の実践を始めたのだ（現在は60頭）。牛は自由に山野を歩き回って草を食べ、人間は搾乳のみを行う。飼料は極力、輸入穀物飼料に頼らず、稲藁、野草、畦草などとした。これは高齢者・女性・障害者にも取り組みやすい酪農のあり方として、一つのモデルになっている。

食にかかわる企業でつくった風土プラン

1991年には、奥出雲地域で食に

かかわる企業10社が出資した、株式会社風土プランを創設した。風土と、食べ物のフードの掛け言葉である。本来の食べ物作りの原点に返って生産・加工し、農村や企業のあり方を考えながら地域社会を再生しようという趣旨のもと、ネットワークを形成したのだ。

たとえば出雲市にある影山製油所は、昔ながらの伝統圧搾法にこだわっている。材料を煎る燃料には廃材を用い、廃棄物は肥料にするなど、自然の循環を重視した事業所だ。

大手メーカーは搾油効率を上げるため石油化学製品を添加するが、影山製油所では添加物はまったく加えず、通常の２倍近い時間をかけて油を搾る。原材料はすべて国産菜種。日本の菜種の自給率はわずか0.04%で、100%国産菜種を使う製油所は全国的にもきわめて珍しい。

「斐伊川流域で中山間地の耕作放棄地を農地として活用し、菜種を栽培しています。地域の小学校も巻き込んで、種から苗を育て、花を咲かせ、油を搾り、自分たちの食べるものを足元の大地で作る食の教育もしているんです。2008年の国産菜種生産への助成金打ち切りのときは、多くの仲間と国産菜種の火を消すな！と国に向かって訴えました」(代表の影山陽美《はるみ》さん)

斐川町にある西製茶所は、無農薬(一部は減農薬)で茶葉を栽培する。代表の西保夫さんは、「野なるものを上とし、園なるものをこれに次ぐ」という言葉と出合い、お茶作りに対する啓示になったと語る。

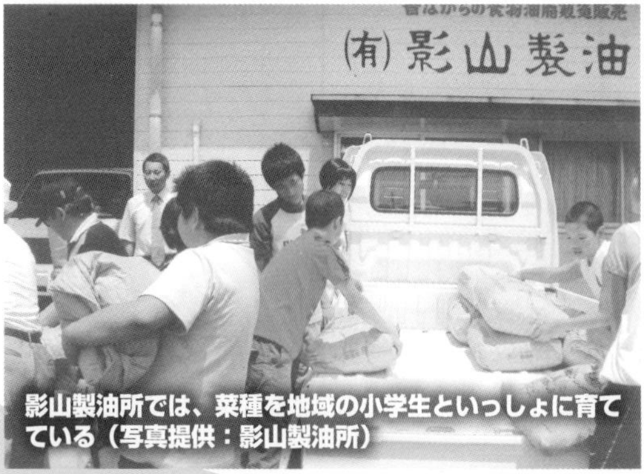

影山製油所では、菜種を地域の小学生といっしょに育てている（写真提供：影山製油所）

お茶の起源は薬である。それは肥培管理したものではなく、自然なままであったはずだ。そう考えて、人工的な多肥料栽培にはない、風味と野性味のあるお茶を作り続けたいという。

両者からは、木次乳

業に通じる姿勢がうかがわれる。

こうした小さな企業の商品の流通や技術開発について情報を交換し合う、サロンのような場が風土プランである。同時に、各社の製品や有機農産物を全国に宅配し、自然食品店への卸売りも行った(方向性の違いから07年に解散し、宅配や卸売りの機能は木次乳業に移っている)。

片足は清流、片足は泥沼

木次乳業は1995年にJA雲南と提携し、スーパープレミアムアイスクリーム「マリアージュ」の製造を開始した。添加物をいっさい使わず、粗飼料で飼育された牛の生乳を用い、平飼い有精卵の卵黄を使ってなめらかさを追求した、ぜいたくな逸品である。忠吉さんは、「世界を超えた品質を奥出雲の田舎から発信し、JAの自信につなげていこうと考えた」と言う。

なぜ、有機農業とは反目しがちな立場にある農協と、あえて提携したのか。

農協への農産物の無条件販売委託によって、多くの農民は農産物の生産と販売の自主独立性を奪われてきた。農協には大きな問題がある。しかし、80年代の「土光臨調」以来、国際分業論が正しいという流れに世論は急速に傾いていく。このままでは、農協と農民との直接的なつながりが失われ、日本の農業は壊滅するだろう。

農協が真に農民のための組織になるには、農民の底力が必要である。だからこそ、戦略的に農協に声をかけ、共同開発・生産を仕掛けたのだ。

「有機農業であれ、ビジネスであれ、完全・完璧を求めれば崩壊します。生真面目に理想ばかりを追い求めるのではなく、力を抜いて、片足は清流に、片足は泥沼に突っ込みながら、適度に現実と折り合いをつけていくことが必要なんです」

自立循環型のシンボル施設

1999年には、木次町の農業・商業・行政が協力して、シンボル農園「食の杜《もり》」と奥出雲ワイナリーを開設した。半世紀近くにわたる実践の積み重ねが、実を結んだといっていいだろう。

小高い丘の上にある食の杜へ向かう道すがら、傾斜地に建てられたどの家にも、必ず前面に小さな家庭菜園がある。老婆がひとり、腰を曲げながら黙々と農作業をこ

「食の杜」と忠吉さん。中央奥に見える建物は奥出雲ワイナリーだ

なしていた。それを見た瞬間､「豊かだな」と感じた。

家の目の前の菜園で作った野菜は、ほんの数十歩移動しただけの台所で料理され、食卓に供される。作り手の顔を知らず、作り方もわからず、化石燃料をたっぷり消費して運ばれてくるものとは、本質的に違う。豊かであるとは、まっとうと同義かもしれない。

食の杜には、室山農園、ブドウ園、豆腐工房、パン屋が点在している(面積6.7ha、うち農地4.8ha)。ワイナリー(工場・樽貯蔵室)、レストラン、展示室などを備えた瀟洒な交流施設もある。レストランでは、極上のワインやブドウジュースをはじめ、室山農園の野菜、木次乳業のチーズなど、新鮮な地場の食材が堪能できる。

このあたりは、養蚕が盛んだったころ一面に桑園が広がっていたが、衰退後は原野となり、荒れるに任せていたという。それを木次町が買い上げ、道路を造成し、農地を整備した。

木次町行政は、忠吉さんが大坂さんと並んで盟友と呼ぶ故・田中利男さんが提唱していた「茗荷村《みょうが》」の発想を取り入れて、自立循環型のシンボル施設をめざしたのである(茗荷村とは滋賀県東近江市にある福祉のコミューン。知的障がい者や交通遺児などが集まって農業生産と加工による自立をめざし、自立循環型・少量生産少量消費社会のモデルでもある)。

遊びをもちつつ、多様な連携

農園を見渡せる二つの丘の上には、町内でダム建設に伴い水没する運命にあった茅葺き民家と瓦葺き民家が、１軒ずつ移築された。それぞれ研修・交流と宿泊施設に生まれ変わっている。

「明治時代に日本を訪れた多くの外国人は､農村の暮らしを観察･記録しています。簡素な暮らしと慎ましい豊かさがあり、人びとは幸福で満足し、村々は安寧と平和に包まれていた、と。当時の農村には、近隣との強い親和と連帯があったんですな。経済性・効率性ばかりが優先される現在を生きる私たちは、そこから学ぶべきことがたくさんある。そうしたことを、室山農園で造った濁り酒を酌み交わしながら、語り合う場でもあるわけです」

食の杜を見渡す丘の上にある茅葺の家で談笑する人びと

畑では、生食用・加工用のブドウ、トマトやサツマイモはじめ多くの野菜が有機栽培され、農業体験希望者や就農希望者を受け入れている。道路脇の斜面にはアンズ、ナツメ、ザクロ、サンザシ、クリ、ヤマブドウなど、自給用のさまざまな果樹が植えられていた。

ここはまた、不思議な磁場をもつ土地でもある。老若男女が、それぞれの熱い思いや夢や問題意識を胸に、全国から集まってくる。縁あって神戸から奥出雲へＩターンした30代の青年の言葉が印象に残った。

「山の木は、どんな目的で使うかによって、必要な材が自ずと決まってくる。材を吟味して板を作る木挽《こび》きと、材を使う大工、切る人と建てる人が組んで仕事するのが、本来の姿だと思う」

地域に小さな産業がたくさん存在し、互いに連携し合う豊かさを、若い世代は理屈抜きで感覚的に知っているのかもしれない。

忠吉さんは木次乳業の仕事を通じて、多様な連携のパターンを必要に応じて使い分けてきた。

「地域で活動するにもビジネスを行うにも、さまざまな協働や連携の仕方がある。どれもがっちり歯車を組み合わせるのではなく、遊びをもたせてな」

木次町、奥出雲地域、斐伊川流域に、同心円や楕円の軌道を描くように、ゆるやかな連携の輪がいくつも描かれている。その円の中心には、常に木次乳業がある。だが、米寿をむかえた忠吉さんは言う。

「ここは決して桃源郷なんかじゃない。いまだ道の途上にあり、模索は続いているんだよ」

〈中村数子〉

有機農家を応援する家庭料理店

ティア・もったいない食堂（熊本市）

家庭的なオーガニックレストラン

熊本市中心部から南におよそ2.5㎞。オーガニックレストラン「土に命と愛ありて—ティア熊本本店」（以下、ティア本店）は、広大な駐車場を備えた車用品専門店の建物の一角にある。

ティア本店は旬の無農薬・有機栽培野菜を使った家庭料理の店だ。店内の面積は約300㎡。天井が高く、窓も広い。厨房から湯気が上がり、料理を作るスタッフの様子がよく見える。スペインをイメージしたデザインで、お洒落な空間にもかかわらず、なぜかホッとした気分になる。

大皿に盛られた料理が、厨房近くの大テーブルに並べられている。客は60種類近い料理のなかから食べたいものを皿に採り、自席に戻って食べる。この日のメニューは、定番のパスタをはじめ、サラダ、ゴボウやレンコンを使った筑前煮などのお惣菜、魚の揚げ物など。ご飯は玄米、五穀米、白米などから選べるほか、飲み物もオーガニックコーヒーや玄米茶など20種類を越える。

業界では「自然派ビュッフェ」と呼ばれ、2004年に外食産業記者会が選ぶ外食アワードの業態開発部門を受賞した。食べ放題飲み放題が基本で、自然食のバイキングと紹介されることが多いが、ティアの元岡健二社長（1947年生まれ）は「バイキングとはイメージが違い、ティアスタイルとしか言い様がない」と語る。

スペインをイメージしたお洒落なティア熊本本店

ランチは11時半〜15時で1480円、ディナーは17時半〜21時で1680円。65歳以上と中学生以下は、値段が安い。時間を限ったコースもあり、30分の「おいそぎ」コースの場合、おとなでもランチが780円、ディナーが980円と、お手ごろだ。

平日は昼夜合わせて200人弱、週末や祭日は400〜500人が訪れる。この日も午後5時半ごろから客が入り始め、次々と席が埋まっていった。

「オーガニックの材料を使い、安全・安心であることが一番。楽しみはスパゲッティとデザートで、日々メニューが新しくなるのも評価できます」(子ども2人を連れて家族でよく来る女性)

「家庭で食べる料理と味付けが変わらず、飽きがこない。健康のために、少しずついろんなものを食べるようにしています」(定年退職した一人暮らしの男性)

食材から料理が決まるティアスタイル

ティア(TIA)という社名は、埼玉県で自然農法に挑んだ須賀一男氏の半生を描いた島一春氏の『土にいのちと愛ありて』(河出書房新

食事はビュッフェ形式、好きな料理を取って食べる

社、1988年)に感銘した元岡社長が、島氏の了解を得て命名したもので、土(T)、命(I)、愛(A)の頭文字を採っている。経営理念について、社長はこう説明する。

「365日、3世代の家族が飽きずに美味しく食べられる家庭料理を提供する店です。また、有機農家を応援し、無農薬・有機栽培で旬の野菜を使います。化学調味料や白砂糖は一切使いません」

それらを実現するために、考案されたのがティアスタイルだ。最初にメニューを決めると、必要な食材を調達しなければならないから、旬の無農薬・有機栽培野菜にこだわることがむずかしい。

そこで、ティアでは取引先の有機農家が出荷してきた野菜から献立を考え、料理を作るという、通常とは逆の発想をとっている。その結果、必然的に、その日の食材を使って作った料理のなかから好きなものを選んで食べるスタイルになった。

通常のレストランチェーン店の場合、原価率は20〜30％と言われる。ところが、ティアでは食材の費用がかさむうえに、下ごしらえに時間がかかるため、原価率が高い。女性客がほとんどだった当初で40％近く、おいそぎコースのランチの価格を下げたのに伴って男性客が半分以上に増えた現在では、50％を超えている。厳しい経営を迫られているわけだが、元岡社長は「薄利多売で、たくさんの人に食べてもらうことで乗り切っている」と話す。

ティア本店と直営店２店で、35人のスタッフ（役員４人、社員２人、時給社員29人）が働く。全員がローテーションを組んで料理を作り、ホールや受付も担当する。

「冬は葉物ばかりといったように、シーズンによっては同じ野菜をどう料理するか苦労することもありますが、家で冷蔵庫を開けて考える主婦のノリでメニューを工夫しています。完全無農薬の野菜、添加物を一切使わない料理など、どれも本物で、お客様に自信をもってお勧めできます」（開店時から働く時給社員の折田衛美幸《おりたえみゆき》さん）

正社員の長谷川貴士さんは、2007年まで大手ラーメンチェーンの店長だった。朝から晩まで働き詰めのうえ、ラーメンやコンビニ弁当が常食で、不規則な生活を送っていたという。

そのせいか、耳の後ろに腫瘍《しゅよう》ができて手術した。仕事を続ける意味を見出せなくなったころ、業界紙の記事を読んで元岡社長に連絡を取り、転職する。

「ティアの料理を食べて、涙が出るくらい美味しいと思った。以前と違って疲れないし、すがすがしい気持ちです。無農薬・有機栽培なんて50年前は当然で、いまがあまりにも変なのだと思います。毒ではなく、いのちの源になる食材の流通を増やしていきたい」

規格外の野菜や魚も活かす

ティア本店で使う野菜は当初、長崎県で種の自家採取に力を入れる岩崎政利さん（234〜241ページ参照）をはじめ、全国の有機農家から仕入れていた。現在は、くまもと有機の会を中心に、熊本県で有機農業に取り組む農家と契約している。

そのひとり、御船町《みふね》の河地和一《かわちかずいち》さん（1960年生まれ）は、妻の律子さん、母のトシ子さんらと３haで米、果樹、人参・大根・ネギな

有機人参を収穫する御船町の河地和一さん

どの露地野菜を栽培する。すべて無農薬・有機栽培で、有機JAS認証を受けている。父親は慣行栽培をしていたが、河地さんが中学時代に他界した。熊本農業高校を卒業して後を継いだ河地さんは「人さまが食べるものにできるだけ毒を使いたくない」と独学で有機農業を学んだ。10年がかりで技術をマスターしたという。

ティアには週に２～３回、旬の野菜や果樹を届ける。この日は大根、人参、キウイなど12種類、約１万円分を納めた。人参は市場出荷の場合、規格外は廃棄されるが、ティアは農家支援の一環として不ぞろいの人参も買い取る。

「オーガニックレストランは有機農産物の入手にも下ごしらえにも手間ひまがかかり、有機農家と同じぐらい大変な仕事です。有機農産物が全国どこでも手に入るように、生産を伸ばしていきたい」（河地さん）

また、氷川《ひかわ》町の森下好寛《よしひろ》さん（1975年生まれ）は福岡県の大学を卒業後、やりたい仕事と縁がなく、郷里に帰って農業をしようと決心した。熊本県内の有機農家で住み込みの研修を受け、2005年から知り合いのつてで借りた1.8haの農地で、レンコンと米を無農薬・有機栽培している。

ティアには08年10月から週に２回、計25kgのレンコンを出荷してきた。そのうち10kgは規格外の小さなものだ。

「ティアが応援してくれるのはとてもうれしい。人間はずっと農薬や化学肥料を使わない農産物を食べてきました。自分は自然のなかで生きていきたいし、少しでも

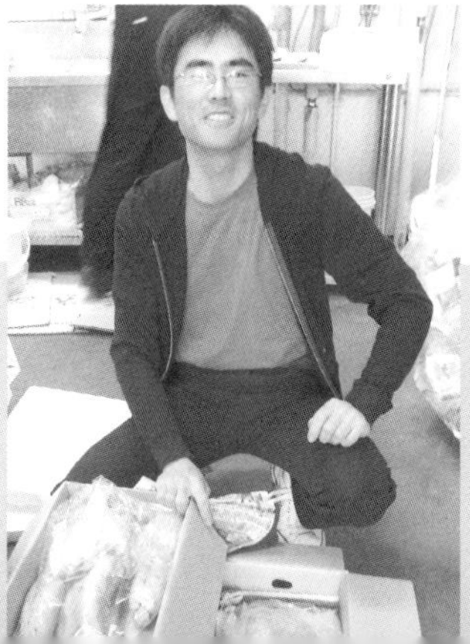

れんこんを有機栽培している森下好寛さんと、納品したれんこん

健康的な食べ物が増えるよう裾野を広げていきたい」(森下さん)

経済効率ばかりを追い求める流通や販売サイドの都合で、野菜の規格が決まり、そこからはずれた野菜は畑で朽ち果てている。この事態は魚でもまったく同じだ。

規格外、形の不ぞろい、知名度のない魚は雑魚として扱われ、廃棄されたり、タダ同然の値段で養殖魚のエサになったりしている。これらを活かそうと、元岡社長は干物加工業者と組んで、長崎県の小さな漁港で底曳き網にかかった旬の小魚を加工し、パック詰めした商品「跳ねる」(イシモチやコチなど)や「飛び跳ねる」(キスやトラギスなど)を開発。ティアでフライや南蛮漬けに使っている。

外食企業からの転進

ティアは、元岡社長の悪戦苦闘の延長上に生まれた店である。

元岡社長は高校卒業後、銀行やホテル勤務を経て、1971年に長崎県の外食企業に転職。86年にはグループのひとつだった赤字のとんかつチェーン社長に就任する。その間、何度となくアメリカのチェーンストアを視察し、３Ｓ(標準化、単純化、特殊化)を旗印にトップダウンで大量に仕入れて販売するスタイルは日本の風土には合わないと感じていた。とはいえ、赤字企業にできることは限られている。

熟考の末、まず味噌汁に化学調味料を使うのを止めた。次に、日本人なら美味しいご飯を食べたいはずだと考え、「米一粒がダイヤモンド」というキャッチフレーズで、思い切って新潟県魚沼産コシヒカリを使った。同時に、ご飯と味噌汁をお代わり自由にし、大好評を博す。

また、食材を求めて生産現場を回るなか、雲仙(長崎県)への道中で棚田を目にし、その懐かしくも美しい光景に感動する。山の清水を使い、労力をかけて作られた棚田米はコシヒカリに負けない美味だったが、まったく評価されていなかった。そこで、この棚田米を優先的に使い始める。

このころ、元岡社長は人生の師と仰ぐ鍵山秀三郎氏から『土にいのちと愛ありて』をプレゼントされた。鍵山氏は車用品専門店チェーン「ローヤル」(現在はイエローハット)の創業者で、掃除道を実践・提唱するカリスマ企業家でもある。元岡社長は鍵山氏といっしょに棚田で田植えをしたり、本の主人公である須賀一男氏を訪ねたりして、有機農業への造詣を深めていった。

「自分が農家の出身だったこともあり、生産者を大事にしなければいけないと真剣に思うようになりました」

とんかつチェーンは、大胆な食材の改善によって毎月の売り上げ目標を３年あまりにわたって連続して達成し、５店だったチェーン店は10年後の96年には58店にまで増えた。だが、売り上げや効率化の呪縛にとらわれ、もんもんとした日々を送っていたという。

また、過労がたたったのか、背中に腫瘍ができ、２回にわたって手術を受ける。このため、50歳になった97年、店頭公開を果たしたのを機に退社し、静かに暮らすことにした。

ところが、若い部下たちが「退社して元岡社長についていく」といって聞かない。鍵山氏にも「日本の外食産業を少しでもよくするために、次の世代に火種を残してほしい」と創業を口説かれた。こうして、森川雅史さん（現ティア副社長）ら数人を引き連れて、98年にティアを設立したのである。

「食べることは生きることなのに、ティアを創業する前の私には食がいのちをつなぐという理念が欠落していました。正しい食とは何かと悩んだ末、生産者を応援するとともに食べる人の健康を気づかう家庭料理を外食で実現できないかと考えたのです」

創業から３年で開店前から行列ができる人気店となり、採算ラインに乗った。テレビや新聞にも取り上げられ、前述の外食アワードも受賞して、一躍注目の的になる。さらに、経営理念やスタイルに共鳴し、家族の絆の契約を結んだグループ店が埼玉県や愛知県などにでき、2009年７月現在で18店（直営店を含む）に上っている。

コンセプトは「もったいない」

ティア本店が軌道に乗った段階で、元岡社長が次に考えたのが、「もったいない食堂」だった。

ティアの店を核に、車で30分以内のエリアに10店程度の小さな食堂を衛星のようにつくり、ティアで調理した食材を運んでオープンキッチンで仕上げる。そして、勤め帰りの会社員や近所の高齢者にヘルシーな家庭料理を気軽に食べてもらう。これは、安価な輸入

お洒落なつくりのIKOI CAFE

食材と全国均一の味を追究する大手外食チェーンのセントラルキッチンと正反対のアイデアと言ってよい。

「大きな店なら資金もスタッフも多く必要ですが、小さな食堂ならそうはいりません。若い人たちがオーナーになって、定年退職した団塊世代の人たちが支え、どちらも食べていけるぐらいの給料が出せる仕組みをつくろうと思いました」(元岡社長)

「もったいない」という名前をあえてつけたのは、必要なものを必要なだけいただくのが日本人の本来の精神だと考えたからである。これも、食料品の廃棄率が15%を超えるコンビニとは対極の考え方といえる。

「人も、野菜も、魚も、規格からはずれたものが十分に活かされず、本当にもったいない。必要なのは、見捨てられるものを活かしていくという考え方ではないでしょうか」

熊本市民会館内にある「もったいない食堂 IKOI CAFE」は、市民会館のリニューアルに伴ってカフェの出店募集に応募し、選ばれて2007年に開店した。面積86㎡。天井が高く、厨房が見えるつくりは、ティア本店と同様だ。「もったいない」のコンセプトに合わせて、使い古しのワイン樽やコーヒー豆用の麻袋を素材に店内をデザインし、本店に劣らぬお洒落なカフェとなっている。

店長はティアの事業部長も兼務する浅野幸志さん。東京でインターネット関連のベンチャー企業を創設し、10年ほど代表を務めていたが、働き詰めで不規則な生活のせいか、心身ともに調子を崩してしまった。

もともと食に関心があったこともあり、体によい食を求めてマクロビオティックの店などに通ううちにティアを知り、縁があって転職する。浅野さんは「ティアは自分が求めていたものに近く、食のこだわりでは日本一ではないかと思いました」と当時を振り返る。

もったいない食堂はティアと違って規模が小さいため、売り上げと家賃・食材費・人件費とのバランスが取りにくい。飲み物やランチだけでは採算が取れないので、弁当や惣菜のテイクアウト、貸切パーティーなど経営の多角化によって、新たな可能性を探っている。

「もったいない食堂を成功させるためには、ティアスタイルのようなブレークスルーが必要。お客をあっと言わせるアイデアを考えて、熊本発で食の仕組みを変えたい」(浅野さん)

もったいない食堂は現在、熊本市内に3店オープンしている。うち1店は若者たちが起業した合同会社「ちかけん」に経営を移譲した。まだ実験段階だが、この小さな循環のビジネスモデルが成功し、外食産業やスーパーに広がっていけば、日本の農と食は劇的に変わっていくにちがいない。

「チェーンではなく、使命感をもった人のネットワークをつなげていく。これはある種の社会運動です」(元岡社長)

志をもった仲間を広げる

設立から10年。熊本市周辺では、外見がティアに似た競合店が相次いでオープンした。そうした店は小規模農家の支援や顧客の健康維持という根本理念が欠落しているが、お客は集めているようだ。ティアは生産者の名前入りで食材を紹介するなど、コンセプトのアピールに努めている。

また、元岡社長は志を同じくする仲間のネットワークをつくるため、2007年から「食の共育アカデミー」を始めた。持続可能な食の循環をめざし、ティアスタッフや生産者、食品メーカー担当者らが講師となって、ともに学ぶ場だ。募集要項には「“誇り”と“志”をご持参ください」と書かれている。

さらに、熊本農業高校の生徒が中心になって熊本伝統の水前寺菜や熊本いんげんなどの「ひご野菜」の振興に取り組む産官学連携会議の活動も積極的に支援している。地域の固有品種の掘り起こしは、若者たちの後継者意識につながり、農業の振興に寄与すると考えるからだ。

現在の外食産業のスタイルでは、生産者はもとより、食べる人たちの健康すら守れないのは自明の理だ。ティアがもったいない食堂という壮大な実験に成功し、小さな循環のビジネスモデルが日本列島の津々浦々に広がっていくことを期待したい。

〈瀧井宏臣〉

元岡健二社長(中央)とティア本店のスタッフたち

第1章
5　農の応援団、養成します

地産地消・食育・有機農業のまちづくり

愛媛県今治市

有機栽培に限定した市民農園

愛媛県今治《いまばり》市の中心部に位置するJR今治駅から南へ車で15分。いまばり市民農園は住宅街の一角にある。

3月中旬の昼下がり。春めいた陽気に誘われ、市民が三々五々やってきては、冬野菜の収穫や畑の管理に勤《いそ》しんでいた。

そのひとり小川悦史《えつし》さん(1940年生まれ)は、キュウリやトマト、大根、キャベツなど年間15種類ほどの野菜を栽培している。会社を退職後、妻と二人暮らし。ほとんど毎日農園に来て、農作業で一汗かくのが日課だ。できた野菜はとても食べきれず、東京在住の息子に送ったり、近くに住む娘の家に持っていったり、近所にお裾分けしたりして、喜ばれている。市民農園の醍醐味を小川さんに聞いた。

「自分で育てた野菜が一番安全で、安心です。健康を保つだけでなく、農園仲間とのコミュニケーションも楽しみのひとつ」

いまばり市民農園は、農業体験を通じて安全な食べ物や地域の農業に関する理解を深めてもらおうと、今治市が2001年に開設した。今治市民が対象で、市が広報などで公募する。面積は43a。1区画30㎡と50㎡の2タイプ合わせて71区画あり、休息できる東屋《あずまや》や共同利用できる農具も備えられている。1年ごとの更新(5年まで継続可)で、利用料は年間5000円。男性と60歳以上が、それぞれ7割を占める。

市民が有機栽培を体験できる、いまばり市民農園

この市民農園の最大の特徴は、栽培方法を農薬や化学肥料を使わない有機栽培に限っている点だ。小川さんも手で取って虫を駆除するほか、スギナを煎じて酢と混ぜた液や古い牛乳をかけるなどの対策を講じている。

「有機農業の大変さを知ってもらうのが目的のひとつです。農業体験によって食の安全に対する意識が高まっているのではないでしょうか」(今治市農林振興課・南條有基《ゆうき》課長補佐)

充実した地産地消政策

瀬戸内海に面し、島嶼《とうしょ》部をかかえる今治市は、人口約17万4000人。2005年に周辺の11カ町村と合併し、松山市に次ぐ県下第二の都市になった。

繊維産業が盛んでタオルの生産が全国トップであるほか、造船や食品、電気などの商工業や観光産業が地域経済の主軸となっている。農林水産業従事者の比率は全体の8%あまりと少ない。

そうしたなかで、今治市議会は市民に安定して安全な食料を供給する必要があるとして、05年12月に議決した「食料の安全性と安定供給体制を確立する都市宣言」で農林水産業を市の基幹産業として位置づけた。この原型となる宣言はすでに1988年に行われたが、合併によって一旦白紙に戻る。そのため、農業団体、商工団体、PTAなどの要請を受けて、合併後に改めて議決された。

この宣言を受けて、06年9月に制定されたのが「今治市食と農のまちづくり条例」だ。条例では、地域農業の振興と食料自給率の向上を図る方針を打ち出した。さらに、有機農業の推進と有機農産物の消費拡大を明確に位置づけ(第9条)、有機農業の推進の障害となる遺伝子組み換え作物の栽培を規制し(第10条)、規模の大小にかかわらず安全な食べ物を生産しようとする者すべてを農林水産業の担い手として位置づけて必要な施策を講ずる(第23条)ことなどが謳われている。

「地産地消の推進」「食育の推進」「有機農業の振興」を3本柱に食と農のまちづくりをすすめるという今治市のビジョンが明記され、ユニークかつ画期的な内容なのである。農林振興課の渡辺敬子さんは、こう説明した。

「今治産の農林水産物を食べることによって、市民や子どもたちが農林水産業を支えていく機運を醸成するとともに、地域の農林水産業者に元気になってもらうのが条例のねらいです」

こうした理念に基づいて、今治市は合併前から①冒頭で紹介した有機農業を体験する市民農園の開設をはじめ、②実践農業講座の開催、③地産地消推進協力店の認証、④有機栽培農家への支援など、さまざまな施策を展開してきた。

99年にスタートした実践農業講座は、行政や農協、有機栽培農家、消費者らでつくる今治市有機農業推進協議会が実施している。実習を含む年24回の講座で、有機農業の基礎知識や技術を習得する。この10年で約130人が修了し、そのなかから無農薬野菜の生産グループが生まれている。

地産地消推進協力店は、今治市食と農のまちづくり委員会が一定以上の地元農産物を扱う店を協力店として認証する。たとえば、小売店で地元産の売り場を４㎡以上設ける、飲食店で今治産の食材を50％以上利用した料理が定番メニューの50％以上を占める、などの規定が定められている。03年に認証が開始され、09年７月現在、認証店は21にのぼる。

有機栽培農家への支援には、環境保全型直接支払い制度がある。米の転作に伴う産地づくり交付金の配分が04年度から自由に工夫できるようになったのを活用したものだ。

水田10aあたり、有機JAS認証を受けた場合２万円、農薬や化学肥料を慣行栽培の５割減らした特別栽培農産物の認証を受けた場合１万円、農薬や化学肥料を慣行栽培の３割減らした「エコえひめ」の認証を受けた場合5000円の助成金が支払われる（転作作物だけでなく、米でも可）。

安定した有機農業経営

今治市郷新屋敷《ごうしんやしき》町の阿部久敏さん（1949年生まれ）は、江戸時代から続く農家の８代目だ。１haの農地のうち80aの田んぼで米を、20aの畑で玉ねぎや人参、ジャガイモなどを栽培し、いずれも有機JAS認証を受けている。

米は、種播きから30日後に稲の苗が30cm程度に成長してから田植えをするほか、深水管理やペレット状の米ぬかの散布によって雑草を抑える。野菜では、手で虫を取るだけでなく、寒冷紗（防虫ネ

玉ねぎの成育状況をみる阿部久敏さん

ット）も利用する。堆肥には、近くの畜産農家から譲り受けた鶏糞や牛糞を使う。

「土ができていれば、そんなに虫害も発生せず、手で取るぐらいで十分です」（阿部さん）

有機農業を始めたきっかけは、農薬汚染の悲惨な実態をルポした有吉佐和子の『複合汚染』を読んだことだ。危機感を募らせた仲間約10人で82年に立花地区有機農業研究会（いまの今治立花有機農業研究会）を結成し、有機農業を始めた。

現在は、松山市にある産消提携の愛媛有機農産生活協同組合に米や野菜の６割、今治市の学校給食に野菜の４割を販売している。有機JAS認証の米や野菜は慣行栽培より高値で売れるうえに、前述の助成金も入るため、経営はすっかり安定した。行政のバックアップについて、阿部さんは笑顔で話した。

「歴代市長はじめ行政が有機農業に理解があり、補助もあるので経営の安定に役立っています。今治はいいなあと市外の農家から羨ましがられるほどです」

目下の問題は、高齢化とともに有機農業研究会のメンバーが減りつつあることだ。

「有機農業は手間がかかるうえに、JAS認証の手続きも厄介で、なかなか仲間が増えないのが悩みです。学校給食に安全な食べ物を供給するためにも、有機農業を行う農家を育てる必要があります」

地場産をふんだんに使った学校給食

食と農のまちづくりの発端は、1981年に起きた老朽化した学校給食センターの立て替え問題である。今治立花農協や消費者で組織された今治くらしの会を中心に、給食を大量に作るセンター方式ではなく、学校ごとの調理場で作る自校方式の温かい給食を求める運動が展開された。そして、82年１月の市長選挙で自校式調理場を推進する新人候補が現職の市長を破って当選した。
　一方、阿部さんら有機農研のグループは同年５月、今治立花農協の総会で動議を出し、学校給食に地元産野菜や有機農産物を導入するよう市に要望する決議を採択。総会後、新市長に陳情した。

栽培体験や農家訪問など食育の成果が学年ごとに展示されている（立花小学校）

　こうした動きを受けて、翌83年から順次、自校方式が導入されるのと同時に、地元産農産物を学校給食の食材に優先使用する取り組みが始まる。立花地区では有機農産物の導入もスタートした。2008年度は、49の小・中学校と２幼稚園（旧今治市内）の給食約１万5300食のうち、野菜の30.4％が今治産（有機野菜は4.9％）だ。
　また、99年からは市立の全小・中学校で週３回実施する米飯給食に使う米125tをすべて今治産の特別栽培米で賄い、現在はパンの６割も今治産小麦を使用している。小麦については、2000年まではで１粒も作られていなかったが、15haで60tが生産されるようになり、「地産地消によって新たなパン用小麦のローカルマーケットが生まれました」（渡辺さん）。

５年生が作った有機栽培の合鴨米が使われた立花小学校の給食

　とくに、今治立花農協がある立花地区の小学校では、給食の野菜の55％が地元産で、その９割が有機農産物だ（06年度）。
　立花小学校を取材した日の給食メニューは、ご飯、肉ジャガ、豆腐ステーキ、ワカメの酢のもの、牛乳、イチゴだった。ご飯は、５年生が農協の指導員の指導を受け、９aの田んぼで栽培した合鴨米（合鴨を水田に放して除草した有機栽培米）だ。玉ねぎ、ネギ、イチゴ、レモン、豆腐の原料の大豆も今治産。山市《やまいち》知代《ともよ》栄養教諭は「地元の農産物をふんだんに使った日本食で、栄養満点です」と解説した。

立花小学校では５年生が総合学習の一環として合鴨米作りを学ぶほか、各学年ごとに野菜の栽培や農家見学などが、理科や社会、家庭科に盛り込まれている。６aの畑は有機JAS認証を取得するという徹底ぶりだ。こうした未来を先取りした取り組みを越智《おち》優《まさる》校長も重視している。

「米や野菜を作る体験によって食べ物のありがたさがわかる。食育は重要です」

広げるために食育により力を入れる

このように、他の自治体に比べれば非常に先進的な政策だが、必ずしもビジョンどおりに順調に広がってきたわけではない。たとえば地産地消推進協力店は思ったようには増えず、地域自給率は2005年で31％にとどまっている。有機栽培農家は30戸程度で、農家全体の１％に満たない。

「理念は高く評価されていますが、なかなか裾野が広がっていきません。市民に浸透していくためには、学校を中心にもっと食育に力を入れる必要があります（地産地消推進室・秋山学室長）

すでに03年度に食育プログラム研究会をつくり、独自の教材を作成するなど小学校での食育の充実に取り組んできた。今後は中学生用のカリキュラムづくりに取り組む計画だ。

また、08年度には越智今治農協が開設した大規模な直売所「さいさいきて屋」が地元産の農産物を学校給食に供給し始めた。さらに、有機農業を地域に根ざしたものにするために、有機農業モデルタウン事業に応募して選ばれた。これを受けて、有機農業への参入促進や有機農産物の消費拡大を図るための講座や交流会、マーケティング調査など、取り組みは新たな段階に入っている。

今治市の挑戦が当面の壁を乗り越えていっそうの広がりを見せるのかどうか、全国の注目を集めているといえるだろう。

〈瀧井宏臣〉

さいさいきて屋の内部。採れたての野菜が並び、大勢の客でにぎわう

女子大生に必修の有機園芸

恵泉女学園大学(東京都多摩市)

たった1年で学生は変わる

「1年間、生活園芸の授業を受けて作物に対する価値観や考えが変わったと思う。今では作物を育ててくださった農家の方々や自然の恵みに対して、感謝の心を持ちながら、食事をすることができるようになった」(2008年度「生活園芸Ⅰ」学年末レポート)

東京都多摩市にある恵泉《けいせん》女学園大学では、教育農場で野菜や花の有機栽培を実践する園芸実習科目を「生活園芸Ⅰ」と呼び、1年次の必修科目としている。実習地はキャンパスに隣接する教育農場(町田市小野路《おのじ》)で、01年7月に教育機関として初の有機JAS認証を取得した。ここでは、化学肥料や農薬を一切使用しない有機園芸を実践している[1]。

学生は、全員が文科系学部(人文学部と人間社会学部)に所属する。入学直後は、ほとんどが園芸や農業にとくに関心をもっているわけではない。最初はどうしてやらなければならないのか疑問に思ったり、面倒がる学生も、少なくない。

しかし、1年間の授業が終了するころには、彼女たちの大半は農へのよき理解者と変わる。それを実感するのは、授業終了時に課しているレポートを読むときだ。

河井道により1929年に創設された恵泉女学園は、園芸を「聖書」「国際」とともに建学の理念としている。大学でも88年の開設当初から週に1回、教育農場で汗を流し、自分の手で作物を栽培してきた。

94年には、化学肥料と農薬の使用を止め、人と自然の共生を尊重し、持続可能な環境と社会をめざす有機園芸に転換。関連科目を含めて、共生、循環、多様性の視点を明確にした。生活園芸Ⅰの目的は、こう位置づけている。

「有機園芸で安全な野菜を育てる＝有機園芸によるいのちを育む

体験を通じて、持続可能な環境と社会を担う市民を育てる」

なお、生活園芸Ⅰを中核とした「教養教育としての園芸—持続可能な社会と環境を担う市民の育成—」は、07年度の文部科学省「特色ある大学教育支援プログラム（特色 GP）」に選定された(2)。

地域資源の有効活用と循環を重視した土づくり

授業は週に１回90分、通常の

表１　生活園芸Ⅰの実施概要

履修者数	450 名前後
１クラス学生数	平均 60 ± 10 名
指導者	教員１名＋補助スタッフ２名／クラス
規模	4 圃場、72a
畑の割り当て	①個別管理　0.9㎡× 4 カ所／組（２人） ②クラス別管理区画
授業時間	90 分× 1 回／週× 30 回 前期：4 月下旬～ 7 月中旬、後期：9 月下旬～ 1 月下旬
授業の進め方	実習内容の説明・ミニ講義（20 ～ 30 分）＋実習（雨天時は教室で講義）
栽培品目 ①個別管理 ②共同管理	 ジャガイモ→コカブ・チンゲンサイ・ラディッシュ・サニーレタス、キュウリ→大根・白菜、サツマイモ→ホウレンソウ、ムギワラギク・千日紅 ショウガ、里イモ
投入資材 ①土壌肥料 ②マルチ材料	 牛糞堆肥・発酵鶏糞（地域の畜産農家）、米ぬか（近隣の米穀店）、草木灰、焼成有機石灰 剪定枝チップ・刈り草（近隣の造園業者など）
使用農具 ①基本的なもの ②その他	 4 本鍬、除草鎌、移植ごて、はさみ、バケツ スコップ（里イモ・牛糞堆肥用）、手箕《み》、一輪車（マルチ運び）、フォーク
おもな作業内容 ①全作物共通 ②作物別	 施肥、耕耘、播種・定植、除草、マルチ、収穫 芽欠き・土寄せ、支柱立て、誘引、追い播き・間引
収穫物の活用 ①基本原則 ②農場での試食	 収量調査を行った後、持ち帰って食べる 茹でジャガイモ、焼きイモ、冬野菜の野菜汁、生食（キュウリ・大根・白菜など）

講義科目と同じ枠組みで行う。夏休み期間中は学生が畑に来ない。そこで、無理なく誰でも栽培できて、楽しめるうえに、夏休みがあっても問題が生じない作目や作型を選んでいる。**表1**に概要を示した。１学年は450名前後で、７～８クラスに分かれる(3)。

実習の中心は野菜の栽培だ。化学肥料や農薬を使わないから、健康な作物を栽培しなければならない。そのためには健全な土づくりが基本である。

土づくりには、近隣の畜産農家などから出る資源をできるだけ用いている。おもな資材は、牛糞堆肥、発酵鶏糞、米ぬか、草木灰、焼成有機石灰。牛糞堆肥は、八王子市の磯沼ミルクファーム、発酵鶏糞は町田市の荻野養鶏場、米ぬかは多摩市の商店街にある米穀店から入手する。また、草を抑え、乾燥を防ぎ、土壌を直射日光や雨風から保護するために重要なマルチには、ポリシートではなく、刈り草や刈り込み枝を用いている。刈り草や刈り込み枝、焼きイモや草木灰をつくるために必要な薪は、近隣の造園業者や植木業者から入手する。

畑は最低限しか耕さず、土の表面をできるだけ裸にしない。だから、夏休みも冬も畑には草が繁っている。これは、太陽の光を活用して作った草や緑肥作物を用いて土を育てるためであり、自然の力を最大限に活用する有機農業の基本である。

夏の雑草も、春先に目を楽しませてくれる真っ赤なクリムソンクローバー(ストロベリーキャンドル)や麦も、すべて畑の土を肥沃

キャンパスの落ち葉に米ぬかと鶏糞を加えて堆肥をつくる

に保つための大切な資源となる。お金や手間をあまりかけなくても、健全な土を育て、健康な作物を育てられる。

産業廃棄物として処理される家畜糞の有効活用は環境への負荷を軽減し、資源の地域内循環を促進するとともに、大学と地域との連携の深化にもつながる。雑草も生ごみも剪定枝も、「捨てればごみ、活かせば貴重な資源」となることが実習を通じて体感できれば、一人ひとりの行動が変わる。日々の暮らしでも、ごみを減らし、資源を有効活用するようになる。

また、誘引ひもには麻ひも、収穫物の包装には新聞紙を用意し、収穫物を持ち帰るためにはマイバックの持参を促す。エコライフの推進には身近なところから一つひとつ実行する姿勢が大切であることを、実践をとおして伝えていくように努めている。

種播きから収穫・利用まで全過程を体験

生活園芸Ｉの授業の大きな特徴は２つある。ひとつは自分の畑の場所が決まっていることだ。もうひとつは、その畑で土を耕し、種を播き、収穫して、利用するまでの全過程を実践することである。

畑といっても、１区画の大きさはわずか0.9㎡(1.5m×0.6m)。２人１組でペアを組み、１組３～４区画を１年間、責任もって管理する。面積は小さくても、自分の畑の場所が決められているため、しだいに愛着をもつようになる。また、ペアと協力して作業を進めなければならないことから、協調性や社会性も育まれていく。

このほか、クラス全体で栽培管理を行う共同区画も設けている。これは、ペア以外の仲間との共同作業を通じて、人間関係を構築する機会を提供する目的である。

各自の畑からの収穫物は、重さを量って記録した後、自宅に持ち帰って食べるように指導している。できるだけ自分で料理し、無駄なく利用できるように、簡単な料理のレシピも紹介する。

また、授業中に試食を行う機会も設けている。野菜そのものの味を知るために、塩など最低限の調味料しか用意しない。ジャガイモはその場で茹で、サツマイモは収穫後寒くなるのを待って焼きイモにする。最後の授業では、冬野菜がたっぷり入った味噌汁をみんなですすり、大根や白菜は生のまま

最後の授業は、畑で採れた野菜がたっぷり入ったお味噌汁を飲んで締めくくる

試食する。

「畑から収穫する美味しくて安全・安心な野菜のおかげで、食費を節約できてうれしい」と話す一人暮らしの学生もいる。

転換期を乗り越えて豊かな実りの空間に

教育農場を有機栽培に切り替えてから15年が経つ。転換直後は土の状態が非常に悪かった。雨が降るとグチャグチャ、乾燥するとカチカチになり、耕してもミミズ一匹出てこない。

とくに最初の３年は、転換期ならではの事件や問題が多発した。作物の成長が悪い、虫が多い、病気が発生する……。しかし、それに対しても農薬や化学肥料は用いなかった。健康な作物が育つ土づくりを基本とする本来の農業の姿を確認しながら努力してきたのである。

畑の周辺には、ブルーベリーや木イチゴ類、柿やハーブ類など病気に強い作物を植えてきた。なかには、2001年に開設された人間環境学科の２期生が入学記念に植樹したアンズや、はるか遠くシルクロードから持ち帰った種から大切に育てられたアーモンドもある[4]。その甲斐あって、いまでは多くの自然の恩恵を受けている。

畑では夏前に、「もう食べきれ

最初に収穫するキュウリ。最盛期には抱えきれないほど採れる

最初の授業で植えた2個の種イモからバケツ一杯のジャガイモが穫れた

ない」という声が聞こえてくるほどたくさんのキュウリが毎年、収穫できる。何らかの理由で持ち帰ることができないキュウリは「ご自由にどうぞ」と書かれたプレートが付けられたコンテナに入れられ、事務所の前に置かれる。学生の上腕の太さほどのものも、たくさんある。

この「ご自由キュウリ」はそれを心待ちにしている上級生や教職員によって持ち帰られ、夕方までにはほぼ完売状態になる。授業で学生が栽培するキュウリの苗は1組あたりわずか3本。それでも、最盛期には抱えきれないほどの収穫になる。

08年からは毎月1回「お弁当の日」を開催している。手作り弁当を持ち寄って食べるのだが、キュウリをテーマにしたら、プリンやケーキを作ってきた学生もいた。

7月初めに収穫するジャガイモも、4月に植え付ける種イモはわずか2個。それを半切りにして、4カ所に植え付けるだけで、1㎡弱から3kg以上の収穫がある。冬になると、今度は同じ畑から大根4本と白菜4株が収穫できる。「収穫する白菜の大きさは、ちょうど生まれたばかりの赤ちゃんと同じ。長さ50cm前後、重さ3.5kg前後だよ」と説明すると、学生たちは驚きを隠せない。

有機JAS認定を受けた農場の総面積は72aだ。ただし、通路や果樹の面積も含まれている。授業で実質的に耕す面積はその半分にすぎない。

とはいえ、ここで毎年500人近くの学生が、自ら土を耕し、種を播き、収穫して食べている。その体験を通じて、生きるための基本である食と、食を生み出す農(業)を身近なものとして捉え、そこにかかわるさまざまな関係性について学ぶのは、非常に重要な意義がある。

多様な生き物と出会い、自分の存在意義を実感できる場

教育農場が私たちにもたらしてくれる恵みは、もちろん収穫だけではない。15年間の実践を続けるなかで形成されてきた多くの生き物が棲む空間、生物多様性を体験できる場も、大きな自然の恵みといえよう。

土の中には、ミミズやダンゴムシをはじめ、無数の土壌動物の姿が見られる。草むらからは、クモやコオロギ、バッタが飛び出してくる。春になるとキジやコジュケイの声が聞こえ、テントウ虫とアブラムシに代表される、食うものと食われるものの関係が確認できる。

有機栽培に切り替えた直後、問題になった穴だらけの野菜は、いまはもう見られない。特定の虫だけが大発生しなくなったからであろう。さまざまな生き物がいて、そのバランスがとれていれば、深刻な問題になる害虫や病気は発生しない。同時に、自然界には多くの生き物がいて、人間もその一つでしかないことが実感できる。

邪魔なものや厄介なものを排除していくのではなく、多様な生き物の存在によって安定が保たれる自然界に学んでいきたい。それが自然とともに営まれてきた本来の農業の姿である。

多様な生き物が棲む空間は、人間にとっても安心できる。「畑に来ると何かほっとする」「癒される」という言葉を学生からよく聞く。農場ツアーで訪れる外部の方も、同じような感想をもらす。誰よりもそれを感じているのは私たち教職員であろう。

教育農場は、多摩丘陵の面影がしのばれる一角に位置する。そこは、日本の里山の原風景が残る貴重な場所でもある。

春は、周囲の雑木林がもっとも美しい姿を見せる。この時期、畑を極力耕さずに作物を栽培する「生活園芸Ⅱ」の畑では、菜の花が咲き乱れ、クリムソンクローバーの真っ赤な花と緑の麦の穂が風に揺れる。

チューリップも４月に花盛りになる。新年度の学生を出迎える「WELCOME チューリップ」だ。それは、次年度の学生たちを花で出迎えようと、年が明けてから球根を植え付けているからである。授業は１年で終わっても、自然界

教育農場の４月。新入生を迎えるチューリップや菜の花から、いのちの循環を実感する

ではいのちが次から次へと引き継がれていることを、そして、祖先から引き継がれてきて、いまの自分のいのちがあることを、学生たちは学んでいく。

生きていくうえで大切な多くを学ぶ

教育機関である大学にとって最大の恵みは、授業をとおして見られる学生の成長である。**表２**に履修生の声を紹介した。

これは、2008年度の履修生が学年末に提出した課題レポート「生活園芸Ⅰの授業を通じて得たもの」の抜粋である。入学して１年間、教育農場はたくさんの恵みを教員と学生にもたらし、学生たちを農業のよき理解者へと導いてくれる。

また、生活園芸から学生たちが学んでいるのは、農業がもつ食料生産の役割だけではない。レポートには、こう記されている。

「子どもを気遣う親のような気持ちになった」

「育てた野菜を家族が喜んで食べてくれて、うれしかった」

「食べものにもいのちがあることを実感した」

「おじいちゃんやおばあちゃんと共通の話題ができて、よかった」

「実家が農家であることに誇りをもてるようになった」

本来農業だからこそ学べること

表３に、毎学期末に課しているレポート、受講生へのインタビューなどをもとに、「有機農業を核とした園芸実習を通じて、学生た

表２　生活園芸Ⅰの授業を通じて得たもの

「野菜一つも大事な命だという意識を持ち続ければ、何かが変わるのではないかと思いはじめました」(舞)
「食べものの大切さ、農業をやっている人たちの大切さ、ありがたさを自分自身で感じることができた」(あや)
「授業を通じて、生産者の立場に立つことができたと思う。今まで、消費者の目線だったが、自分で野菜を育ててみると大変さや苦労がよくわかり、少し考え方が変わった」(美樹)
「１年間、生活園芸の授業を受けて作物に対する価値観や考えが変わったと思う。今では作物を育ててくださった農家の方々や自然の恵みに対して、感謝の心を持ちながら、食事をすることができるようになった」(みなみ)
「自分が直接関わることで農家の方の苦労や知恵を知ることができた。土に触れることからずーっと離れてきた私の生活の中に突然入ってきた畑仕事。最初は抵抗があったが秋学期になって自分の畑で野菜を育てて、収穫し、食べるという一連の作業ができていることに喜びを感じるようになった」(衣里)
「野菜を育てて、収穫して、自分でその野菜を食べるという経験は、環境問題、食料問題、植物との関係を再度、考える良いきっかけとなった」(菜穂)
「農業はどんなに規模の拡大や機械化が進もうと、その根底には大地や作物、食べる人への愛情がなければ成り立たないと思った」(あずさ)

表３　有機農業を核とした園芸実習を通じて学生たちが感じ、学んだこと

	行　　為	学びの内容
①	育てる	子育ての疑似体験、人の成長と野菜の生長との類似性・共通性
②	季節を感じ、自然と向き合う	ライフスタイルの見直し、感性を磨く
③	生と死の循環の実感	食物連鎖、いのちの実感
④	いのちあるものに愛情を育む	子育て、弱者の視点
⑤	植物を介して協調性や人間関係を育む	祖父母、家族、友人との関係の変化
⑥	野菜の味を実感する	本物の味に出会う、食べることを楽しむ
⑦	農業に対する考え方の変化	人と自然の関係、人と農業の関係の理解
⑧	食べ物に感謝する気持ち	いのちと農業に対する関心の喚起
⑨	小学校のときと異なる充実感	発達段階による認識の違い
⑩	他の生き物とのかかわり	いのちあるものや社会的弱者との共生の実感、自己の肯定
⑪	自然界における物質循環	環境問題、資源の循環

ちは何を感じ、何を学んでいるのか」についてのまとめを示す。

これをみると、学生たちは子育てや家族関係から環境問題まで、人が生きていくうえで大切な多くを学ぶ機会を得ていることがわかる。とくに⑩と⑪については、循環・共生・多様性を基本とした有機農業でなければ、言い換えれば本来の農業でなければ、期待できない。単に農業体験をすればよいのではなく、その内容が問われているのだ。

最初は「どうして、こんなことをしなければならないのか」と疑問に思っていた学生が、生活園芸の授業を通じて、農がもつ魅力に惹かれ、農のよき理解者に育っていく。そして、人間力を高めて、自分らしく生きる術を身につけていく(5)。その最大の理由は、循環・共生・多様性を基本とした教育プログラムを実践しているからである。

(1) 教育農場で実践しているのは有機農業である。ただし、対象作物が園芸作物であり、恵泉女学園では園芸が教育理念のひとつとされているため、ここでは有機園芸と称す。
(2) 特色ある大学教育支援プログラムとは、「大学教育の改善に資する取り組みのうち特色ある優れたものを選定し、その事例を広く社会に情報提供するとともに、財政支援を行うことによって、他大学の取り組みの参考になり、高等教育の活性化が促進されることを目的とする」ものである。
(3) 生活園芸Ⅰの経験をもとにまとめた『教育農場の四季』(澤登早苗、コモンズ、2005年)では、有機園芸の教育的な意義、カリキュラム、有機農業の基本的な考え方と栽培技術、本学で実践している具体的な栽培方法が、詳しく紹介されている。
(4) 教育農場に最初に植えられたアーモンドの苗は長澤法隆《のりたか》氏（シルクロード雑学大学代表）から寄贈された。自転車でシルクロードを旅する長澤氏が持ち帰った種から育てた苗である。
(5) 堀田力は、「人間力は、自分の存在を肯定してよりよく生きようとする自助の意欲、他者を尊重して助け合おうとする共助の意欲、自己をとりまくさまざまな事象(人、社会、自然など)を知覚するための知性と感性(情操)を含む総合的な力」であると述べ、教育の目的を「生きる力」に代えて「人間力」を育てることにしてはどうかと提案している(『「人間力」の育て方』集英社、2007年)

〈澤登早苗〉

小さな農を広げる

半農半X研究所（京都府綾部市）

「種」が教えてくれる人生の方向性

「た」は「たかく」「たくさん」など広がりを表し、「ね」は「根っこ」「根源」を意味する。漢字が伝わる以前の「やまとことば」によると、種《たね》には、そんな意味があるという。

たしかに、種を大地に播くと、そうだ。大地に深く根を張り、空に向かって芽を出し、花をつけ、次世代を残していく。

現代人は根なし草のようだと言われて久しい。いま、いのちの根っこを大事にする生き方がとても求められている。「た・ね」は、さらに私たちにこう言っているようだ。

無限の創造性・想像性を活かし、天与の才を独占せず、死蔵せず、分かち合っていきなさい、と。

難局の時代を生きていくとき、「た・ね」という２軸をしっかりもっていれば、歩むべき方向として間違いはないのではないか。この10年ほど、「た・ね」という観点から世界を見てきて、大きなはずれはないように感じている。

詩も田もつくれ

「詩をつくるより、田をつくれ」という、ことわざがある。もっともだという人もいるし、反論する人もいるだろう。気になることばなので、禅の公案のように田畑に持って出ていたら、以下の３つが浮かんできた。

①田をつくるより、詩をつくれ

「太った豚になるより、痩せたソクラテスになれ」と同意か。

②詩も田もつくるな

創作は詩人に、米づくりは農家に、プロに任せろということ。日本は、政治も教育も人生も健康もすべて他者任せの国になってしまったといえば、大げさだろうか。

③詩も田もつくれ

魂が求めるなら、この国を憂うるなら、両方すればいいというメ

ひらめきやアイデアが生まれやすい田畑には、ペンと紙は必携

ッセージ。

「詩をつくるより、田をつくれ」を含めて、あなたはこの４つのなかで、どんな生き方を求めるだろうか。どんな生き方をしているだろうか。

「詩も田もつくるな」は危険な状態だと思う。しかし、いま多くの日本人はこの状態だ。

21世紀は「詩の時代」ともいわれる。食の危機の時代でもある。「詩も田もつくれ」が、この国が歩むべき道ではないか。

田は稲作のみを指すのではなく、広く農を指す。詩はアイデアや知恵、ソフトパワーと捉えよう。難局には前向きなアイデアで勝負せよということか。大地に根ざしつつ、創造性を発揮せよということだろう。

０か100かを超えて

農は大事だ。だが、専業農家として生きる自信は、私にはない。多くの人もそうだろう。かといって、農がゼロな人生はどうなんだろうと私は思ってきた。ほんとうにそれでいいのかと。

食料危機が来るときに餓えたくないから、というような動機ではない。たぶん、もっと根源的な深いところで、農的なるものを求めているのかもしれない。農とは100か０のどちらかだけなのか。50や25、さらに小さな10や５という選択肢はないのだろうか。

「半農半Ｘ（エックス＝天職）」というライフスタイルを提唱するようになって、干支《えと》も一巡りした。ソニー・マガジンズから『半農半Ｘという生き方』を上梓したのは、2003年の夏だ。無名の者の拙い書だったが、書店に並ぶとすぐ都市部の若い世代からメールが届き、私が暮らす綾部に訪れる人びとが現れた。それから６年経つが、いまも途切れることはない。

驚くのは、ほんとうに多くの若い世代が市民農園を借りたり、庭付きの家に転居したり、ベランダ菜園や屋上菜園を始めるなど、アクションを起こしていることだ。人間は、頭ではわかっていてもなかなか行動へとは移せない生き物だ。半農半Xというコンセプトにそんな人を動かすチカラがあったなら、うれしい。

改めて半農半Xとは

環境問題など山積する難問群をかかえたいまという時代を、私たちはどう生きていったらいいのか。20代後半(1990年ごろ)から、それを考えてきた。また、同時にこんなことを自問してきた。私がこの世に生まれた意味や役割、天職は何だろうと。

30歳を目前に控えた95年に、屋久島在住の作家・翻訳家である星川淳さんの著書で、自身の生き方を表現した「半農半著」(エコロジカルな暮らしをベースにしながら、執筆で社会にメッセージする生き方)というキーワードに出合った。それは21世紀の生き方・暮らし方のひとつのモデルにきっとなると直感。同年のある日、持続可能な小さな農ある暮らしをし、与えられた才能や大好きなことを世に活かす生き方、暮らし方を意味する、半農半Xというコンセプトが私のなかに生まれた。

半農半Xは、田舎暮らしを始めた人だけの新しいライフスタイルではない。都会でも、ずっと田舎に暮らしている人も、みんな可能なライフスタイルだと思っている。また、一日の半分の時間を農にあてなさいというものではない。

そして、半農とは土地の広さを指すのではなく、ベランダでもOKだ。土や他のいのちとふれあう時間をもつことで、人間中心主義を超え、大事なものに気づく生き方だと思う。

田舎で3反(30a)でもいいし、都会で小さな家庭菜園、市民農園、ベランダや屋上菜園でもいい。費やす時間は、毎日でなくてもいい。週末だけでも、月1度の援農でもいいのだ。

農だけでは、天職だけでは、だめなのか。なぜ2つが必要なのか。そう問う人もいる。

複雑な難問群を解決していくには、謙虚にベーシックなところを押さえながら、創造性、独自性をもって問題に挑む必要がある。人生のテーマに挑みつつ、暮らしとしての小さな農も行う。そして、大地で得たインスピレーションがまたミッション、天職に活かされていく。半農半Xとはそんなスタイルだ。

キーワードとしての「センス・オブ・ワンダー」

半農とは別の言葉でいえば、アメリカの科学者レイチェル・カーソンがいう「センス・オブ・ワンダー(sense of wonder =自然の神秘さや不思議さに目を見張る感性)」ではないか。カーソンは、こんな至言を遺《のこ》している。

「生まれつき備わっている子どものセンス・オブ・ワンダーをいつも新鮮に保ち続けるためには、私たちが住んでいる世界の喜び、感激、神秘などを子どもといっしょに再発見し、感動を分かち合ってくれるおとなが少なくともひとり、そばにいる必要があります」

農の理解者を育むには、このセンス・オブ・ワンダーを育むことが必要だと私は思う。それは農の理解者増に必要なだけではない。企業人であっても同様だ。21世紀の真の価値を創造するために、この感性が欠かせない時代。それが、100年に1度の危機を迎えたいまではないだろうか。

『半農半Xという生き方』を上梓しての発見は、半農半Xのコンセプトに敏感に反応したのは20〜40代であるということだ。環境問題や年金など負の遺産を負う「赤字世代」が関心を示している。それは希望だと私は思う。この世代へのメッセージを重ね、農の理解者を、また小さな農の実践者を増やしていきたい。なぜなら、知られていないのは、ないのと同じだからだ。

半農半X研究所の活動

われわれは何をこの世に遺して逝《い》こうか。金か。事業か。思想か。

2反を12区画に割り、読者に解放。自給応援プロジェクトで米を作る

綾部で１泊２日で行っている半農半Ｘデザインスクールの風景

そんなメッセージが収められている内村鑑三の講演録『後世への最大遺物』(岩波文庫)と出合ったのは28歳のときだ。約110年前、内村33歳のメッセージに衝撃を受けた。そして、私は33歳10カ月で会社を卒業して1999年に故郷・綾部へ帰る。翌年、半農半Ｘ研究所を設立した。

内村の「われわれは何をこの世に遺して逝こうか。金か。事業か。思想か」ということばに影響を受けたせいもあり、後世に遺せたらと思うものとして、「思想」を意識している。拙い思考であっても、現段階の想いを活字化し、多くの人びとがアクセス可能な状態にし、遺すことが大事だと考える。たとえ私が明日逝ったとしても、このコンセプトをさらに深めてくれる人が出てくるだろう。

半農半Ｘ研究所は、半農半Ｘというコンセプトの研究(半農半Ｘが社会にもたらすプラスインパクト、小さな農ある生活と天職の触発的関係、エックス力の育成など)がメインの事業である。それを死蔵せず、本やインターネットで情報発信する。

教育事業というと大げさになるが、綾部においては半農半Ｘデザインスクールを、東京においては半農半Ｘカレッジ東京を開催し、想いや気づきを交換する場を設けている。また、フィールド事業としては、お茶碗1000杯分(約１年分)の米を育てる「1000本プロジェクト」を行っている。小さな農を始めたいと願う人を応援するものだ。

シンプルな答え
――希望はここに

『食大乱の時代』(大野和興、西沢江美子著、七つ森書館、2008年)には、こう書かれている。

「日本の食料自給率39%をなんとかしなければ、という議論がやかましい。しかし食の自給を国レベルの数字で語っても、ほとんどなにも出てこないだろう。くらしの大本をつくりなおすことのなかから、自給も積み上がってくるのだと思う」

ほんとうに、そうだろう。この『食大乱の時代』の特徴のひとつは、国内外の田んぼや畑、食や農業ビジネスの現場に加えて、貧困にあえぐ日本の若者たちを取材していることだ。ファストフード店などで働く国内の女性11名の声を著者たちが紹介している。そのなかにヒントが眠っていた。

ファミレスのバイトに励む女子高校生は、不在がちの両親に代わって祖母が作ってくれる和食のありがたさに気づくようになったという。80歳の祖母は小さな農業をしている。食卓に並ぶのは彼女が作った野菜ばかり。得意料理は和食で、日常的なお漬物や味噌汁、煮物、おひたし、天ぷら、魚の煮付けなどが最高だと女子高校生。祖母がいてくれてほんとうによかったと語る。

3世代居住で、小さな農が身近にあり、食卓には和食。いまでは奇跡的なことかもしれないが、ヒントはここにある、いや、希望はここにしかないと言ってもいいかもしれない。希望への道は身近な小道にこそあるのだ。

人はいつ変わるのか

この15年ほど、食や農、環境問題を考えてきたなかで、ずっと胸にある問いがある。それは「人はいつ変わるのか」だ。賢者の講演か、1冊の本か、師や友など人との出合いか。それとも地震などの天災か、リストラか、病気か事故か……。悲しいことだが、人はなかなか変われない。英国の作家バーナード・ショーはこう述べる。

「人は自分が置かれている立場をすぐ状況のせいにするけれど、この世で成功するのは、立ち上がって自分の望む状況を探しにいく人、見つからなかったらつくり出す人である」

それができる人は一握りかもしれない。しかし、そうした人が一

台湾で発売された中国語版『半農半Xという生き方』（天下遠見出版社）は現在6刷

人でも増えていくことでしか、この国の変化はないだろう。起承転結の「起」とは、「己が走る」と書く。自分から変わり始める以外に道はないのだ。

「農」ということばに敏感な人がいる半面、まったく感じない人がいるのはなぜだろう。半農半Xの4文字を見ただけで、すぐ感じる人もいるし、まったくピンとこない人もいる。提唱し始めて15年が経ったいま、ピンとくる人は確実に増えている実感はあるのだが、ピンとこない人は、なぜピンとこないのだろう。

私は、農の世界からの情報発信がまだまだ少ないと思っている。農の魅力を感性豊かに表現し、メディアミックスで多様に発信することがとても重要だ。情報発信を重ねて見えてくること、解決することがたくさんある。

海を越えた広がり

半農半Xの短い歴史において、大きな意味をもつできごとが2009年に入って、次々と起こった。小さな兆候かもしれないが、私は大きな可能性を感じている。

1月にタイの30代女性から、「タイで半農半Xをしたい」というメールが届いた。以前に取材を受けた雑誌がタイ語訳され、読んでくれたという。漢字文化圏を超えたのは大きな驚きだった。

2月には、中国の「成都客」という雑誌の編集者が「いま中国でも人びとは半農半Xを求めています」というメールをくれた。環境系でも農業系でもない雑誌の3月号に、20ページにわたって大きく特集されたのだ。

3月には、台湾で発行された『半農半Xという生き方』の中国語訳『半農半X的生活——従順自然、実践天賦』(2006年)を読んだ台湾の馬《ば》祖《そ》島という離島でまちづくりを行う住民30名が、わざわざ綾部まで視察に来た。

農の理解者は日本のみならず、海外にもその数を増やしているようだ。私は迷うことなく半農半Xの観点からオリジナルの情報発信を続ければいいと思う。新しい時代の到来を信じていこう。

〈塩見直紀〉

第2章

そもそも本来農業って何だろう

第2章

そもそも本来農業って何だろう

ピーターD.ピーダーセン

1　持続可能な農業を本流にするために

本書では、農業を「土壌を耕し、作物を生産し、家畜を育てる科学・芸術・事業」と定義している。また、最近は、「農」を農業と区別して使う場合が多い。ここでいう農とは、生業としての農業を意味するだけでなく、自然環境の保全や生命機能の維持、安全な食べ物の供給、農村地域の暮らし・伝統・文化をも含む、多面的な奥深い言葉である。

文明は農業とともに発展したが、多くの文明が自然環境の破壊によって衰退したこともまた事実だ。近代文明の行方も、農業のあり方とその発展の可能性に大きく左右される。

より豊かな暮らしと食生活を求めて邁進する途上国の人びとも、さらに豊かな食生活を求めてやまない先進国の人びとも、今後の農業の発展のカギを握っている。同時に、温暖化、生物多様性の減少、土壌の劣化、水不足などが農業の生産性に多大な影響を及ぼし始めていることを忘れてはならない。加えて、利便性とおカネばかりを追い求める薄っぺらな人生観が、大切な農業をヒタヒタと蝕んでいる。

1960年代以降の急速な経済成長のもとで、多くの動植物が棲息地を失ってきた。陸地、海洋、淡水というすべての生態系において、生息個体数は大きく減少し、30年間で平均30%の減少と言われている。これは、人類社会の生命維持基盤の劣化にほかならない。そして、土地に合わない灌漑方法、化学肥料と農薬の多用、大型農業機械の利用によって、多くの地域で塩害、砂漠化、土壌流失などの土壌劣化が進行している。これらは、いのちの源である食料を供給する農業の持続可能性(サステナビリティ)が問われていることを意味する。

さらに、農業の社会的な位置づけを見直さなければならない。製造業やサービス業の発達は、農業離れを加速してきた。農政担当者や農学の研究者は多いが、農業生産者は減少の一途をたどっている。農業を志し、努力はしたものの、厳しい経済環境と労働条件のために、あきらめて離れる若者も少なくない。

自然環境からも社会的・経済的視点からも、農業は深刻な危機に瀕している。「本来農業とは何か」という問いに答える第一歩は、現在の農業が決して持続可能ではない事実を知り、持続可能な農業を本流とするために取り組む決意をすることである。

2　日本の農と食の根源的な問題

「食は農なり、農は食なり」と言われる。農業には、食料の生産、生態系や水の循環の維持、エネルギーの生産、美しい景観の保全・提供などの多面的な機能がある。当然ながら、その原点は健康的な食料の生産・供給であり、それは健全な社会を形成する出発点だ。ところが、昨今の日本では、食料生産をめぐって多くの懸念される問題がある。

まず、高度経済成長期以降に急速に減少した食料自給率。カロリー・ベースの自給率は41%と、主要先進国でもっとも低い。また、穀物自給率は28%で、世界175国／地域のなかで125位である。しかも、仮に日豪EPA(経済連携協定)が締結されてオーストラリアからの輸入が本格化すると、自給率は半減すると見られている。

次に、食生活の変化。主食である米の消費量は50年間でほぼ半減した。平均カロリー摂取量に占める割合も大きく減少し、1980年度の約30%から2005年度には約23%になっている。

そして、フードマイレージ(食料の運搬距離)の増大。日本は年間5800万tの食料を平均1万5000kmの距離を運んで輸入している。総計では9000億t・kmで、フランスの10倍、イギリスやドイツの5倍、アメリカや韓国の3倍だ。私たちの生存基盤が脆弱なゆえんである。

さらに、食の安全への懸念。化学肥料や農薬の大量使用、食品添加物の多用、狂牛病や鳥インフルエンザ、偽装表示など、食品の安全性や生活者の信用を損なうできごとがあまりにも多い。

政府は2016年の食料自給率の目標を45％としている（09年8月現在）。食育基本法や有機農業推進法も施行した。しかし、公式にはほとんど取り上げられないが、食べ物の多くが廃棄されているとも言われる。これは、足元の現実に目を向けない典型例ではないだろうか。

日本とアメリカの食品流通・消費現場における無駄と廃棄物の多さは、将来世代や飢餓に苦しむ約10億人の私たちの仲間に対する犯罪的行為と言わざるをえない。利便性の追求ばかりでなく、農業生産者、流通業者、生活者が真摯に話し合い、抜本的な解決の道を見出していく必要がある。

政府は食品の安全性を高めるために、トレーサビリティの確立をめざしてシステムづくりに取り組みだしている。それが間違っているとは言わないが、私は1902（明治35）年生まれの知人のお母さんの「誰が作ったのかわからないものは口にしたくない」という口癖を毎日思い出さずにはいられない。その言葉をかみしめつつ、20世紀後半の日本に起きた、食と農に関して根源的な「3つの喪失」を指摘したい。

①生産者と生活者の関係性の喪失

食料の生産と消費の関係が希薄になった。食べ物の味、見かけ、栄養価値のみが関心を集め、農業の価値が理解されない。

②食における自然の喪失

食べるとは、自然の恵みをいただく行為である。ところが、食品の生産・加工・調理は工業的生産とみなされ、自然の営みによって食が育まれているという認識が希薄になった。

③食における自律性の喪失

食べ物を生産する能力を失った人間とは、基本的な自立を放棄した人間である。そして、遠く離れたアメリカやオーストラリアに多くの食料を依存している日本は、国家としての食の自律を失っている。

こうした食と農の根源的な課題を認識し、その解決に向けて乗り出さないかぎり、健康的な食生活の前提となる自律した本来農業は実現しない。

3　3つの価値を満たす持続可能な農業

現世代の要求を満たしつつ、将来世代の可能性を脅かさない発展をとげるのが、私たちがめざす持続可能な社会である。そのためには、世界の貧困層の要求を満たし、現在の技術と社会構造を変革しなければならない。ここで農業の役割が浮上してくる。

食料の安定供給は基本的条件であり、それは自然環境と社会制度の両面から守られる。その基盤は、次の3点に集約されるだろう。

①健全な生態系の維持

農産物の安定供給には、すでに述べた土壌の劣化や生物多様性の減少を回復する、生態系の修復・保全が緊急の課題である。農法や農業技術の研究開発と普及は、この点を十分に考慮してすすめねばならない。

②人びとが生きるにあたっての基本的な要件を満たす

10億人もが飢餓状態にある現状では、根本的な食料安全保障が実現されていない。また、農業人口の減少、農村・農業地域の空洞化、農業の社会的地位の低下にも、的確に対応していく必要がある。そのためには、歴史を知ることから始まる教育と、生活様式の抜本的な反省が不可欠だ。早急に求められるのは、新しいタイプの地域指導者だろう。

③一定の豊かさをすべての人びとが享受できる発展

農業を生業とする地域の経済基盤は揺らいでいる。短期的利益優先の経済に追従した農業によって、生態系への多大な負荷が生じているうえに、大手企業や工業国が農業を支配し、経済格差は拡大する一方だ。これを防ぐためには、各国・各地域の固有の条件を反映した農業政策が実施されなければならない。

そのためには、農業がもつ生態系保全や文化的な役割を正しく評価し、経済的に還元する仕組みづくりから出発する必要がある。人間として魅力のある人格者が、他の産業ではもちえない農業の多くの利点を人びとに知らしめ、農業なくして豊かな国づくりはありえない事実を人びとが本気で理解し、自分の生活に反映させることから始めるのだ。

言い換えれば、①は環境価値、②は生活・社会価値、③は経済価値である。これら３点を満たす農業が持続可能な農業である。

先進工業国のようなタンパク質摂取量の高い食生活には、一人あたり平均0.5haの耕作地が必要とされる。さらに、アメリカ型食生活には1.5haが必要だという。しかし、世界の一人あたり耕作地面積は20世紀後半から減っていき、現在は約0.25haである。

これは、先進工業国の生活様式を全地球人口に広めるのは非現実的であることを示している。同時に、新しい農法と農業技術の実現なくしては、増え続ける人口を維持できないし、より豊かな食生活への欲求も満たせないだろう。まして、トウモロコシやサトウキビなどの農産物を原料としたバイオエネルギー生産は、戒められねばならない。

4　本来農業の考え方・世界観・自然観

代替農業から本来農業へ

持続可能な農業はこれまで、有機農業や自然農法と並んで「代替(オルタナティブ)農業」として扱われてきた。多くの資源を循環させずに浪費し、大量の農薬や化学肥料を投入し、経済効率の追求に重きをおいてきた近代農業に比べると、持続可能な農業は、たしかに「代替的」であるといえるだろう。

しかし、本書では持続可能な農業を、代替農業ではなく「本来農業」として位置づけたい。環境的・社会的・経済的に持続できない農業を本来の姿にすることが、持続可能な発展を実現する出発点になると考えるからである。

代替農業という言葉は、「主流に対する亜流」や、場合によっては「古き良きものへの回帰志向」を連想させる。だが、農業が社会の持続可能な営みに貢献するためには、持続可能な農業が代替的であるという発想そのものを捨てるべきだろう。そして、伝統のなかにある知恵や中間技術(ローテクでもハイテクでもない、その地域に適した技術)の良さを活かしつつ、未来に向けた新しい農の姿を実現させる必要がある。有機農業や自然農法に携わる当事者たちも、代替的という発想と決別し、主流化していくための思考と行動が求められているのではないだろうか。

本書で提起する本来農業の定義は、以下のとおりである。
「本来農業とは、自然が本来有する循環力と生命維持機能を活かしつつ、長期にわたり経済価値を生み出し、すべての人びとに豊かな生活をもたらす農業の営み方をいう」
こうした農業を「代替的」と捉えるのではなく、日本と世界の農業の主流に育てることが急務である。

現世代と将来世代を同軸で考える（将来価値の重視）

現世代のニーズと将来世代のニーズとを切り離すのは二元的な考えであり、農業本来の自然観とは相いれない。たとえば、田畑を耕し、その周辺環境を整備する行為は、現世代の食料に対する要求を満たすと同時に、100年後の世代の健全な生活環境への要求をも満たす。本来農業の視点から捉えると、この二つを切り離しては考えられない。
農に携わる人びとは、現世代への自然の恵みが過去の世代の貢献によることを知っている。それゆえに、現在を若干犠牲にしてでも将来に続く価値の継承を考え、目の前の経済性の確保に苦労する場合があるといえよう。
一方、現代社会の経済の仕組みにおいては、常に現在価値が最優先される。それは、ある土地から穫れる生産物の最大化と現金化をできるだけ早く図ろうとする発想で、100年後の環境の価値を軽視している。このように、現世代の欲望が将来世代の可能性を脅かすのは、経済の仕組みに内包された行動様式である。これに対して本来農業は異を唱える。

自然の「資本」ではなく、「利子と収入」で生きる

近代農業は、地下資源である化石燃料と、地上の表土を大量に消費して成り立ってきた。これは、自然の「資本」の食いつぶしに似た状態であり、資源の循環的利用を基礎とした持続可能な生産方式ではない。
これに対して本来農業では、自然がもたらす資源の循環を活かしつつ、エネルギー投入においても土壌の利用法においても、継続的に得られる自然からの「利子と収入」をもとに農業を営む。つまり、自然の資本を侵食することなく、その資本から生まれる「利子」と、自然の営み

から継続的に得られる「収入」によって生きるという考え方である。
具体的には、第一に非化石燃料・資材への転換、第二に容易に生分解できない廃棄物や農薬の使用回避、第三に表土を劣化させない農法の実現を意味する。これらはそれぞれ大きな挑戦といえるが、本来農業のめざす方向性としては明確である。

自然の系で考える

生き物と生態系を切り離して考えるのは、機械論的世界観に根差す近代農業の大きな欠点といえるだろう。土に触れ、家畜を育成する農家は、生き物とその生態環境との一体性を実感しているだろう。
しかし、たとえば農薬の使用や遺伝子組み換え作物の導入においては、自然の系(生態系)や物質の循環と切り離した単なる生産手段として生き物(動植物)を考えてきたといえよう。新しい農薬が開発されれば、その効能が特定の作物に対してどう効くかのみが論じられる。自然の系や物質循環の維持に対して長期的にどのような影響を及ぼすかは、多くの場合、軽視ないし無視されてきた。
本来農業では、常に自然の系を前提にものごとの善し悪しを判断する。近代農業技術の使用は否定しないが、常に自然の系に対する統合的かつ長期的な影響を十分に評価したうえでの使用を求める。

広義の生産と多面的機能(めぐみ)の可視化

近代農業においては、農業生産を工業的な「製造」という概念で捉えてきた。過去数百年の間に、世界の多くの地域で農業が生業《なりわい》から産業へと姿を変えた結果ともいえる。これは、近代経済システムのなかで常に効率化が追求され、生産物の機能性(見栄え、サイズ、味、栄養価など)と交換価値(商品価値)の最大化に重点がおかれてきたからである。
だが、農業における生産は、むしろ「育成・成長」という概念がふさわしい。そこから見えてくる生産概念は、工業生産と根本的に異なる。本来農業では、農業生産には効率の追求だけでは捉えられない側面が多く、機能性と交換価値だけでは農業生産によってもたらされる価値を正しく評価できないと考える。これは、生産という概念を広く捉えるとともに、農業の多面的な機能の重要性につながる。

本来農業では、従来の農産物だけでなく、農業によって生み出され、維持される生き物や環境・社会的便益も含めて生産物と捉える。たとえば、メダカや赤トンボや蛙などの農業生物、田んぼやため池や里山などの風景、小川やせせらぎなどの水辺の空間、豊かな土なども、持続可能な農業が営まれることによる生産物である。また、祭りやしきたりなどの農耕儀礼、農家の生きがい、農業生産地域の協同性やふるさと意識なども、広義の概念での生産物と捉える。

このような農業によってもたらされる生態系の保全や美しい風景と健全な社会・文化の発展に対する貢献を、農学や行政では「農業の多面的機能」と定義づけてきた。けれども、農家はそうした学術的概念ではなく、農業を通じてもたらされる「自然のめぐみ」としてこれらの多面的機能を実感し、感謝の気持ちと敬意の念を抱いてきたといえるだろう。

同時に、現代社会において本来農業を実践するためには、多面的機能の可視化や数値化が求められる。そして、自然のめぐみに対する社会の認識や評価を高めるための教育的・政策的な取り組みが必要不可欠となっている。

「農的発想・農的な生き方」を社会のモデルに

経済価値、機能性、効率の追求に代表される近代工業社会において、本来農業的な世界観と、それに基づく農的な暮らしは、より人間的で暮らしやすい社会の実現に向けた重要な示唆を与える。

近代工業社会の象徴である自動車の生産は、ヘンリー・フォードが考案した分業に基づくベルトコンベア生産方式や、ゼネラル・モーターズ(GM)のアルフレッド・P・スローンが飽くなき追求をした効率的なマネジメントスタイルによって究められた。そこに見られるのは、人間は歯車の一つにすぎないという世界観や人間観だ。

これに対して、キヤノンやトヨタなどの日本企業は「セル生産方式」に切り替える動きを見せている。一人の労働者が複数の作業を担当し、生産物の製造過程全体に貢献する充実感も合わせて追求しようというのである。

過度な効率化の追求によってストレスが増しやすい工業社会でこそ、自然との一体感、全体志向(系でものごとを考える)、調和を重視する農的な思考や発想の普及が必要だろう。農的発想や農的な生き方は、今後の生活、工業、商業、医療・福祉、まちづくり、教育において、重要な示唆を与えるはずである。現代社会の成功や価値の尺度は、短期的な生産効率の追求であった。しかし、今後は必然的に「持続的(超長期的)幸福感」が社会全体の計画・立案・実践における根本的な価値尺度となるだろう。

5　本来農業における農業の価値

統合的価値の追求

農業によってもたらされる価値を、環境価値、生活・社会価値、経済価値という３つに分類した(171ページ参照)。ただし、これら３つの価値を独立して考えるとすれば、むしろ弊害が生まれる。環境価値だけを重視すれば、生産の効率性や、場合によっては生活・文化の側面が軽視される。また、生活・社会価値だけに重点をおくと、しばしば経済的価値が軽視され、反対に経済的な価値を第一に追求すると、環境や文化が軽視される場合が多い。

これら３つの価値を同時に調和的に達成しようとするのが本来農業であり、従来のトレードオフを前提とした考え方との大きな違いである。すなわち、３つの価値を統合的に捉え、地域性・場所性を考慮しつつ、それぞれの最適化を図るのである。

非経済価値(非交換・使用価値)と経済価値(交換価値)のバランス

貨幣経済が主流である現代社会においては、経済価値(交換価値)をもたらしうる農産物だけが評価され、「価値あるもの」とみなされてきた。しかし、すでに述べたように本来農業では、経済価値にのみ重きをおく思考が持続できない農業と社会を生み出した根源的な原因だと考える。

今後、非経済価値(非交換・使用価値)を現代社会における不可欠の価値として、制度的・経済的にも可能なかぎり評価する必要がある。数値化できていない自然環境の保全機能や交換を目的としない使用価値の評価方法と、それらのサービスへの対価支払い(環境支払い)方法を確立しなければならない。

たしかに、こうした数値化や評価方法の確立は容易ではない。だが、より適切な形で経済の仕組みに農の価値を反映することが、持続可能な社会への大きな一歩となる。それが確立できれば、日本が国際社会においてリーダーシップを発揮できるだろう。

外部不経済から環境便益へ

外部不経済と環境便益の違いに注意を向けることも重要である。たとえば自動車は、道路の建設・補修費や排気ガスによる健康被害などによって、価格に反映されない相当な「外部不経済」をもたらすとされている。これに対して、たとえば持続可能な農法で作られた米は、国土の保全や水源の涵養など販売価格以上の環境便益、つまり「外部経済」をもたらす(本来の生産物以外に創出される価値を環境便益・社会便益と捉える)。

持続不可能な農業は環境便益の創造ではなく、自動車と同様に外部不経済を生み出してきたといえる。直接的には土壌の劣化や地下水の汚染、間接的にはエネルギーの大量消費による地球温暖化の促進などだ。一方、持続可能な形で営まれる農業は、農産物そのものの価格には含まれない多くの便益を提供しており、ここに工業製品との本質的な違いの一つがある。こうした環境・社会便益のより適切な評価方法の確立が急務である。

6　本来農業における農法・農業技術の捉え方

土台技術・環境把握技術

本来農業では、技術の概念を広く捉える。興味深いことに、テクノロジー(technology)の語源はギリシア語のtekhnologiaであり、「ある芸術・工芸・技能の体系的な扱い」を意味する。本来、農業を営むために必要な技術は、この意味に近いのではないだろうか。機械や技術的手法に限定されず、農家がもつ知恵や田畑を扱う基本的知識や技能も含めて、技術と捉えたい。

現在の農業の捉え方で見過ごされているこのような技術を、宇根豊は「土台技術」「環境把握技術」と呼んでいる。いま求められるのは、多面的機能と同様にこれらの可視化である。たとえば、農家が行う田んぼの見回り仕事は、生態系を整え、多くの生き物の生存を可能にする。にもかかわらず、この「百姓仕事」は、現代社会ではほとんど評価されていない。

近代技術の捉え方

本来農業の視点から見ると、ある技術が「古い・伝統技術」であるか「新しい・ハイテク」技術であるかという区分自体に大きな意味はない。重要なのは、その技術が農業のもたらす統合的価値を引き出し、その場の特性をふまえつつ持続的に利用できるかどうかである。

代替農業の運動のなかには、新しい技術に対する拒絶的な反応も見られる。これは、新しい技術が経済合理性のみを追求し、自然を搾取すると考えられているからであろう。これまでの技術適用の考えでは、たしかにその可能性が高かったといえる。

けれども、持続可能な社会をもたらすためには、土台技術の評価、伝統技術や中間技術の最大活用に加えて、生命機能の維持・増進を損なわない新しい技術やハイテクが必要となる場合も多々あるだろう。技術の統合的・長期的な効果を評価したうえで(自然の系への影響を検証したうえで)、採用の妥当性の判断が必要とされる。

また、近代農業の技術的手法のひとつに、人工的に生産された農薬や遺伝子組み換え作物の導入がある。これらはほとんどの場合、持続可能な農業を志向する人びとから敬遠されている。

本来農業においても、自然を系として捉えたうえで、統合的にどのような効果と弊害がもたらされ、長期にわたる使用によってどんな変化が引き起こされるかを慎重に検証すべきである。生態系全体への長期的な影響に関する知見が不足している現状では、実験的な意味合いでこれらを安易に利用すべきではない。きわめて慎重な姿勢が不可欠である。

第3章

農を大切にする日本に変える10の提言

第3章

提言① 自然や福祉にかかわる仕事に従事する社会奉仕年を導入する

木内孝・ピーター D. ピーダーセン

提言内容

(1) 高校卒業後(中学卒業者と高校中退者は 18 歳になった後)の4月～翌年3月の1年間、農林水産業、福祉、自然・環境を守る仕事に従事する社会奉仕年を導入する。期間中は国が生活費を支給し、国が定めた最低限の賃金を採用者が支払う。

(2) 特別な事情がないかぎり、すべての 18 歳の国民は参加が義務づけられる。これによって、今後の日本を担う世代に社会や自然に対する理解を深め、当事者意識を養う。

(3) 参加者は自らの関心に沿って、従事する仕事を選択できる。

(4) 意欲的に参加できるような魅力的プログラムを開発する。

■第一次産業や福祉などによって国を守る

これまでの延長線上に未来はない、と言い切っていい。

損か得か、儲かるか儲からないかという利己主義的な判断基準に私たちの多くが頼ってきた間に、あらゆるものが商品化し、貨幣が世界を駆けめぐりながら増殖し、人間の心を食い荒らす新自由主義経済が生まれ、そして破綻した。その破綻から何を導き出すかが、いま問われている。

自然の力、人びとの力、地域の力、そしてそれらが結び合うときに生まれる力によってこそ、これからの社会は創られていく。それは、「足るを知る」謙虚な姿勢で、思慮深く時間をかけて、あらゆる可能性を引き出していく社会である。

その実現のためには、いまの自然観と農業観を見直し、持続可能な本来農業の価値基盤を創らなければならない。1年間の農や福祉などにかかわる体験が、それを可能にする。社会奉仕年が導入されれば、日本は国際社会における先駆的存在となり、自然、福祉、文化を守る国として高く評価されるだろう。

大半の若者は終了後に違った種類の仕事に就くだろうし、それで何ら問題はない。この1年の体験が間違いなく自然観と農業観を変え、自然環境や社会的弱者への見方と対応を変えるきっかけになるはずだ。

1945年の敗戦とともに、日本では徴兵制が消滅した。平和を志向する国として素晴らしいことである。しかし、一方では自らの貢献によって社会を築いていくという奉仕の精神も希薄になった。

私たちはいま、武器や戦闘行為によってではなく、本来の基幹産業である農業・林業・水産業の発展によって国を守る時代に生きているのではないだろうか。第一次産業を大切にしない内なる無知と怠慢によって、国が滅びる可能性が高まっているからである。

だからこそ、1年間の社会奉仕年を法律で定める必要がある。言い換えれば、平和的徴兵制だ。できるだけ参加者が幅広く選択できるように、農業、林業、水産業、福祉、自然、環境に関するさまざまな仕事を用意する。そして、新たにつくる専門の機関が全体的な調整を図りつつ、なるべく本人の希望を聞き入れて、勤務先と勤務場所を決定する。

たとえば、ある若者が農業にかかわりたいと申し出たとする。それをうけて、あらかじめ登録された農業者(個人・法人・会社)との調整を図り、もっとも適したところに送り込むのだ。

■導入の意義

社会奉仕年導入の意義は大きく分けて2つある。

ひとつは、将来の人格形成に重要な役割を果たすことだ。社会のために働く感覚を身につけると同時に、自分が社会から必要とされている、社会を構成している一員であるという実感が醸成されるだろう。それらはともに、現在の日本人に欠けているものだ。

もうひとつは、人材難に苦しむ第一次産業や福祉産業などの安定的労働力の確保につながることである。不安定な一時雇用労働力に頼るのではなく、意欲ある若者が毎年加わることが、あらかじめ計画できる。もちろん、そのためには魅力的な働き場所と労働内容が用意されなければならない。

この考え方は、どの政党からも理念としては反対されないだろう。健全な未来社会を築くために、すべての若者が社会奉仕を経験するとともに、人間が生きるうえで必要不可欠な食べ物と自然と健康を創り出す本来の「基幹産業」を支援する制度だからである。詳細な内容は今後つめていかねばならないが、ぜひとも実現させていきたい。

社会奉仕年の1年間は、働く若者には国から基本的な生活費が支払われる。また、農業法人や福祉施設などの勤務先からは、あらかじめ定められた賃金が支給される。その合計によって、若者が不自由なく生活できるようにしていく。

■世界に貢献できる人材の養成

社会奉仕年は世界中から注目されると思われる。「武器で国を守る」のではなく、「一人ひとりの参画と貢献によって国を守る」ことが、社会的な模範となるからである。そして、平和の文化を広める契機となり、地域紛争に備えて軍備を増やそうとしている途上国にとっては、平和の道を選ぶモデルケースとなりうるだろう。

また、社会奉仕年を経験した若者は、途上国の真の発展や紛争地域の平和構築にも通用する人間に育つ可能性がある。国際的にも活躍でき、尊敬される人材として歓迎されるのではないだろうか。

現在は、日本社会も世界の事情も知らずに、狭い関心に閉じ込もって生きる若者が多い。積極的に社会貢献に参加する若者も多くはない。社会を築く主体的存在であるという意識が、社会奉仕年の経験によって生まれることを期待したい。

■参加できない若者への配慮

社会奉仕年への参加は義務である。しかし、特別な事情によっては、時期を１～２年ずらすことを認める。また、健康状態や身体の障がいによって、肉体労働を伴う仕事を行えない場合も、当然ながらありうる。彼ら・彼女らに対する配慮を欠いてはならない。

農産物の品質管理、製品の肉眼によるチェック、広報、案内といったデスクワークを用意するなど、何らかの形での体験や参画機会が得られるように考慮する必要がある。

提言② 農的暮らしの多彩な取り組みを広げ、インターネットなどで共有し、協働とネットワーキングを積極的に促す

塩見 直紀

提 言 内 容

(1) 農業に関心をいだき、農的な視点をもつ人づくりを行い、農業配慮者人口を増やす。

(2) 市民農園の普及、都市住民に対する半農半Xのようなライフスタイルの提案、農業生産者との連携による体験プログラムの実施、都市菜園(屋上・バルコニー菜園など)の普及、都市部における参加型の緑化推進、ファームステイ、現場志向の食農教育の展開など、多種多様な取り組みを地域の特色を活かして推進し、食と農に関するソフトパワーを高める。

(3) それらの取り組みを広く共有し合うことで生活者の意識変革を促し、さらなる参加の輪を広げ、ネットワーク化をすすめる。とくに、2010年からの5年間をホームページやブログ、各種メディアによる積極的な「農的情報発信重点年」とする。ホームページなどをとおした情報発信によって、各地域の農業・エコツーリズムの促進もめざす。

(4) 格差や貧困、人間中心主義が生む環境問題にも、農はすぐれた問題解決力を有する。農業をライフスタイルの一部として取り入れ、人と自然の健全な関係性を取り戻し、都会的な暮らしと農的な暮らしの隔たりをなくし、社会に新たな一体感を生み出す。

■農業配慮者人口の増大

本書の提言によって、本来の農業がある日本になるためには、私たちの価値観やライフスタイルの変化が最大のカギとなる。それはこの国の過去から現在までの教育を問うことであり、学校教育終了後の各自の人生観を問うことでもある。「わかっちゃいるけどやめられない症候群」ともいわれるが、外圧的な大きな変化がなければ、人間はなかなか変われない。しかし、価値観の変化は急務であり、絶対条件だ。めざすべき到達点は、思想と哲学をもった本来の農、食、人生である。

2008年に起きた中国製ギョウザの中毒事件や偽装表示によって、食に関する社会的な関心が高まった。また、同年秋のリーマン・ショック以降、農に関する関心も急速に高まり、雑誌での農業特集が急増している。農業の担い手が高年齢化するなかで、ラストチャンスという表現は大げさではない。まさに、土俵際の踏ん張りどころであるといえよう。

食や農に関心をもつ人間を一人でも多く育てることが、目下の急務である。人材育成は100年かかる大きな仕事といわれる。いま私たちが総力をあげて行うべきは、農業に心を配り、土に触れ、種を播き、食の大切さをわかる国民の育成にほかならない。

つまり、農業に配慮できる人口(農業配慮者人口)を増やすのだ。それは国家の未来を左右するほど重要な課題であろう。地産地消というキーワードは、日本のみならず海外でも広がっている。農業配慮者人口という新たな概念も、同じように社会に広がり、多用されてほしい。

そのためには、学校教育のみならず、食と農に関する学習機会、学習装置が社会にたくさんあることが大事だ。地域性をもった個性あふれる食や農に関するイベントを都市・農村を問わず全国で開催し、影響し合って、創造的競争をし、切磋琢磨していこう。マイナーチェンジを重ねれば、農業への配慮は必ず深まり、広まっていく。

ハードパワーに対し、ソフトパワーという概念が米国の国際政治学者ジョセフ・ナイ氏によって提唱されている。食と農に関するソフトパワーを、国・都道府県・市町村・企業・NPO・農的な事業体・学校・農業者、そして個人がつけていけるかどうかがポイントである。

■農的情報の発信増大

「知られていないのは、ないのと同じ」。悲しいが、そう言われる場合が多い。たとえ、農産品がすぐれていても、グリーンツーリズムの理想郷があったとしても、知られていなければ、入手できないし、出かけられない。

「知る人ぞ知る」でいい、という人もいるだろう。しかし、いまほど情報発信が大事なときはない。イベントが事前にメディアに登場し、後日ホームページなどでレポートされることで、輪が広がっていく。魅力的なモノとコトをつくる競争をし、創造し、集客し、広報していこう。

いま世界的に和食ブームだ。これは一時的な現象ではないだろう。本来農業を推進する潮流も確実にある。けれども、農の担い手がますます高齢化するなかで、残された時間はあまりない。筆者は、来年からの5年間を農的情報発信重点年とすべきだと考えている。まだまだ農の世界からの情報発信は少ない。情報発信によって解決されるものは、この国にたくさんある。

■農的プロシュマー――国民の「自給力」アップ

日本の食料自給率低下を憂うる人は多い。さらに、結城登美雄氏などによって、日本人の自給する力すなわち「自給力」の低下こそが問題であるという指摘も行われだしてきた。多くの人びとが農にふれ、自給力をつけることによって、新たな未来が開かれる。

米国の未来学者アルビン・トフラー氏は、未来の消費者(コンシューマー)は消費するだけでなく、何かを生み出す(プロダクトする)ようになると考え、プロダクトするコンシュマー、すなわち「プロシューマー」というコンセプトを提唱した。ベランダや屋上菜園、家庭菜園、市民農園で小さな自給をする人もプロシューマーだ。農業者だけでなく、少しでも農に携わる国民が厚い層をなすことが、重要な時代となるだろう。

■格差や貧困を超える農の力

環境問題は、人間中心主義が生み出す。最近は格差や貧困という大きな問題が顕在化してきた。それらを解決する潜在力が農にはある。

農業には、国土・水資源・環境・文化・教育・福祉・健康などの多面的機能があるといわれる。さらに、格差や貧困に対しても新たな機能を発揮する。農業をライフスタイルの一部として取り入れ、人間と自然の健全な関係性を取り戻し、都会的な暮らしと農的な暮らしの間の隔たりをなくし、社会に新たな一体感を生み出していく。それが、農の分野に携わる人びとに新たに課せられている。

■実現へのプロセス

2010年からの５年間を重点年とし、農の分野からの情報発信に全力を注ぐ。価値観や暮らし方に変化を生じさせるには、多様な情報発信の継続が重要である。文字だけでなく、写真、動画など多様な表現を継続していこう。IT 系の仕事に就いていた若い世代も、農への関心をもちはじめている。志と熱意と能力ある多様な人材を農の世界へ導くことが大事だ。

そうした人材が関心をもつためには、農や地域がもつ魅力を再発見し、表現していかなければならない。そのとき、人間、地域資源、風景などの魅力や可能性を発見できる感受性(感性、センス)がカギとなる。

アイデアとは既存のものの組み合わせといわれる。全国各地での魅力的な農的ソフトの創造が重要である。多様な人材の交流によって、新たなアイデアが生まれる。交流の仕組みづくりが人材育成につながる。

また、食と農に関心をもつ社会起業家やその予備軍が増えている。そうした人材の支援も、今後は必要だ。遊休農地の活用、限界集落の活性化、都市と農村の交流など、事業テーマはたくさん眠っている。食と農に関する社会起業家の育成は欠かせない。

経済が縮小するなかとはいえ、身近な食と農への支援の手は必ずあるはずだ。支援を受けやすくするためには、食と農、ふるさと創造、まちづくりなどに関して、各省や都道府県、市町村に加えて、企業、財団、市民バンクなどの補助金や助成金を網羅した専門サイトが望まれる。

提言③ 環境支払いの実証試験を複数のパイロット地域で始める

宇根　豊

提言内容

（1）政府と都道府県は、総農業予算の10％を環境支払い試行予算として確保する。

（2）政府と都道府県と市町村は、どんな環境支払いが地域に必要かを検討する「環境支払い委員会」を設立する。その費用は、政府が負担する。

（3）都道府県と市町村の環境支払い委員会は、環境支払いのメニューと予算案を政府と都道府県に要求する。予算は政府と都道府県が負担する。

（4）都道府県の環境支払い委員会は市町村の、政府の環境支払い委員会は都道府県の政策メニューと予算案を審議し、総予算内で試行・パイロット地区を決定する。

（5）すでに実施している都道府県や市町村は、既存の環境支払いの財源に活用してもいい。

（6）この環境支払いは、いずれ農水省の農地・水・環境保全向上対策事業を吸収する。

■カネにならない価値への直接支払い

直接支払いは、富の再配分についての新しい方法である。

明治時代以来の農業政策は、生産を増やす＝所得が増える、農産物の価格を安定させる＝所得が安定するという緊密なつながり（カップリング）を前提とし、所得増大が農家の幸せにつながると信じて疑わなかった。これに対して直接支払いは、所得を生産や農産物価格と切り離し（デ・カップリング）て、所得を直接補償・支援する政策である。つまり、生産量が落ちても、農産物価格が下がっても、所得が少なくならないようにするわけだ。

これだけ聞くと、百姓に虫のいい政策だと誤解されるだろう。「なぜ、農家だけを特別扱いして所得を補償するのか納得できない」という国民（＝納税者）が圧倒的に多いと思われる。だから、百姓と政治には多くの納税者が納得できる説明をする義務が生じる。いや、説明が逆になったようだ。その説明（理論・思想）を生み出すことができた国で、直接支払いが実施できるようになったのである。

ここで大切なのは、国民の富をつぎ込んで守る農の価値とは農業が生み出すカネにならない価値であることを納得させることである。ヨーロッパでは、カネにならない自然環境や風景、文化を守るために直接支払いを行う政策が一般化している（そのほうが生産を刺激する助成金は削減していくというWTOの規制をクリアしやすい）。なぜなら、国家の富をさらに増やす分野につぎ込むのが資本主義の鉄則だが、そうすると国家の土台である自然と地域共同体が大きな危機に直面するからだ。効率の悪い仕事やくらしは見捨てられ、不便な地域やカネにならない生きものは犠牲になる。

カネにならない自然を守るためには、自然に対価を支払わなければならない。しかし、自然はそれを受け取らないだろう。そして、言うにちがいない。「私たち自然を手入れしてくれている人たちに、代わりに支払ってくれ」と。したがって、自然環境を支える行為に対して直接支払いするのが、もっとも説明しやすい。これを環境支払いと呼ぶ。

■住民とともに地方で立案する

どういう百姓仕事がどのように自然を支えているのかを説明する言葉は、地域の自然環境をよく知った人間からしか生まれない。中央政府には荷が重すぎる。

ところが、ほとんどの都道府県や市町村は、新しい政策思想を自前でつくった経験が少ない。地方分権の時代と言われながらも、とくに農業分野では、ほとんどの地方行政は中央の下請けにすぎない。独自施策もないではないが、環境支払いの例は福岡県や滋賀県などごく少ないことも認めなければならない。

さらに、農業政策というとカップリング政策しか発想できない習慣にどっぷり浸かってきたので、環境支払いは本来の政策ではないと思い込んでいる地方行政関係者が多い。

したがって、地方の行政だけですぐれた環境支払い政策を立案するのは不可能だろう。そこで、環境支払いを行うにあたって、以下の三点に留意しなければならない。また、これらが実現すれば、地方で立案する意味は大いにある。

第一に、政策立案能力を住民参加型で強化する。農業と自然環境の関係を真剣に考えてきた百姓やNPOは少数派だ。その力を本気で借りる気が行政にあるかどうかが問われている。

第二に、稲作の生産性追求が田回りや畦草刈りの削減をもたらし、生きものが減り、風景が荒れてきた。このように、自然を守ってきた住民の仕事の危機を自覚しなければ、単なるカネのばらまきになる可能性がある。地元の自然をしっかり見つめ直して把握する行為に対する環境支払いから始めるのも、ひとつの方法だ。福岡県の生きもの調査への環境支払いが、その参考になろう。

第三に、全国一律ではなく、地方によって異なる政策が花開くことが重要である。お互いが刺激し合い、学び合う交流が施策面でも期待できるからだ。放っておけば、カネになる価値を増やす従来型の政策に予算を奪われてしまうから、思い切って10%以上の環境支払いの優先枠を設けるのである。

■環境支払いのパターン

具体的に何に対して支援していくかの例を、ここで示しておこう。

①自然環境への負荷の少ない農業技術への支援(農薬の削減など)
②環境把握技術への支援(生きもの調査など)
③特定の地域の環境や生きものを守る仕事への支援(琵琶湖を守る、コウノトリを守るなど)
④自然環境を維持する仕事(土台技術)への支援(畦草刈りなど)
⑤地域文化を守る仕事・暮らしへの支援(草原の手入れなど)
⑥環境教育への支援(田んぼの学校など)
⑦その他の環境保全活動への支援

百姓仕事や百姓ぐらしよりも、農業技術や生活技術(利便性や快適性を追求する生活様式)や農業経営を評価する近代的な教育を受けてきた百姓や行政担当者や消費者にとって、自然環境が技術ではなく仕事やくらしによって支えられていることの自覚は、意外にむずかしいかもしれない。だが、これを突破しなければ地方に春は来ない。

提言④ 持続可能な本来農業を日本農業の基本政策に据え、農業にかかわる多くの関係者・団体の参画によって長期政策ビジョンを策定する

大原興太郎

提言内容

（1）農業の多面的価値を評価する認識やビジョンを共有する。

（2）各市町村に多様な主体による地域農業ビジョン検討会を設け、将来の地域農業をイメージした政策をつくっていく。

（3）多様な担い手を確保し、新規就農を促進するためのネットワークを形成する。

（4）農地の社会財的な性格を明確にする方向で、農地法を改正するか、運用を工夫する。

■農業の位置づけや価値を地域で議論し、共有する

2008年以降の経済不況に対する追加経済対策は国費15兆円、事業費56兆円で、経済対策に伴う09年度補正予算は過去最大の13兆9256億円となった。こうした経済対策は、当座をどうするかという現在価値優先で対処される。しかし、08年度末の国・地方の長期債務残高は787兆円にも及び、将来世代の負担はきわめて膨大とならざるをえない。

現在の農業政策も同様で、将来への見通しがない。共通しているのは、限られた資金をどう活かして使うかというソフトの仕組みが不十分なことである。

かつての農業の役割はもっぱら食料生産であったが、いまでは農業が

もたらす多面的な機能に目が向けられている。にもかかわらず、経済的な見返りが得られるのは基本的に生産物の販売だけである。たしかに、福岡県や滋賀県では環境直接支払制度がようやく取り入れられ、農業によって私たちが享受する自然のめぐみについての理解は徐々に深まってきた。とはいえ、それが農に携わる人びとの誇りや経済的な利得につながるケースは例外である。多くの国民の理解も不十分であり、農業の後継者難は変わらない。

根本的な問題は、現代社会(ポスト産業社会)における農業の位置づけや農業の価値をどう考えるかの議論が足りないことだ。1999年に成立した食料・農業・農村基本法は、その総則では、「食料その他の農産物の供給の機能以外の多面にわたる機能」(第３条)を発揮させ、「農業の自然循環機能の維持増進とその持続的な発展」(第４条)、そのための「農村の振興」(第５条)など、農業・農村の方向性について重要な指摘をしている。だが、さらに突っ込んで、本書で提起した食・環境・健康・生きがいにつながる本来農業こそがポスト産業時代のめざすべき方向であることを、より広くかつ歴史的にはっきりさせていくべきときである。

■２つの先進的な条例に学ぶ

市町村レベルでは、さまざまな主体が地域農業振興に関する議論を行い、それを地域住民に開示していかなければならない。その過程を経てはじめて、新しい農業の価値が共有され、食・農・環境が関連性をもって存在することへの理解と支持の広がりが可能となる。

焦眉の課題は、各市町村で地域農業ビジョン検討会や地域農業推進協議会のような地域農業のあり方を考える組織をつくり、20〜30年先の地域農業をイメージした取り組みを、公民の協働で創りあげていくことだ。その際に参考にしたいのは、「神奈川県都市農業推進条例」と「今治市食と農のまちづくり条例」である。

神奈川県都市農業推進条例が画期的なのは、都市農業を「都市に生活する県民に対し、新鮮で安全・安心な食料等を供給し、及び農業の有する多面的機能を提供する役割を担う神奈川県全域で営まれる農業(畜産農業を含む。)をいう」(第２条)とし、〈県の責務〉〈農業者等の責務〉とともに、〈県民の責務〉(第６条)をあげた点である。そこでは、農業生産活動や農業の多面的な機能に関する理解、県内産の食料の消費や利用への努力や農業者との交流に積極的な役割を果たすことが求められている。

また、今治市食と農のまちづくり条例の先進性は、旧今治市の「食糧の安全性と安定供給体勢を確立する都市宣言」(1988年)以来の取り組みの成果をうけて、「学校給食の食材に安全で良質な有機農産物の使用割合を高めるよう努める」「学校給食の食材に遺伝子組換え作物及びその加工食品を使用しない」(第７条)とはっきり明記し、「食育の推進」(第８条)、「有機農業等の推進」(第９条)を謳った点にある。遺伝子組み換え作物の栽培を市長の許可として、規制している点(第10条)も、特筆される。

前者の都市農業を日本農業あるいは各地域の農業に置き換え、後者の学校給食や有機農業への姿勢を取り入れて、農業の地域社会における役割やあり方を住民とともに創りあげ、地域農業推進条例を制定していければ、地域農業の再興に大きな力となろう。

■新規参入ネットワーク会議の設立とコーディネーターの養成

地域農業再興のビジョンがはっきりすれば、次に重要なのはそれを担う主体とサポート組織である。農業従事者を確保するための施策と土地を持たない新規参入者への支援の強化が求められているのは、周知の事実だ。政府はさまざまな施策を打ち出しているものの、効果はあがっていない。多様な担い手を確保し、新規参入の促進を本格化するには、各市町村、あるいは旧市町村の範域で、関係者による「新規参入ネットワーク会議(仮称)」を組織するとともに、その運営を担うコーディネーターの養成を急務とすべきだろう。

新規参入ネットワーク会議の運営資金は、国と市町村が５～10年を１期間として拠出する。構成は、行政関係者、農業従事者、農業法人の経営者、農業関連のNGO・NPO会員、農業関連企業に加えて、関心ある市民の参加が望ましい。

コーディネーターの人数は、地域によって異なってかまわない。地域で信頼されている農業指導員(旧・農業改良普及員)や農業法人組織のスタッフ経験者など、新旧の農業をよく知った実力者を選ぶ。各市町村の地域農業推進条例においては、このコーディネーターの機能と実権を明らかにし、農業関係機関や関係者の協力義務を明記するべきであろう。

この会議で2030年に向けた地域の持続可能な農業に関する政策ビジョンと行動計画を策定し、農業をしたい人びとに技術的・社会的・財政的・精神的なサポートが可能な協働の枠組みをつくり、会議のネットワークと集められた包括的な情報を新規参入者への道しるべとして継続的に活用する。

■社会財としての農地

本来農業は、小規模でも可能である。とはいえ、稲作や畑作(小麦・大豆など)のような土地利用型農業に関しては、経営効率を上げるために相対的に広い土地が必要とされる。この面では日本の農業は構造改革が遅れ、結果として担い手が育っていない。

多くの優良農地を荒廃させないためには、農地が経済活動に用いる私的財産のみではなく、国民の生命を預かる農産物を生産する社会財としての性格をもつことへの理解を広げていくべきである。農業をできなくなる、あるいはしなくなれば、農業をしたい人にその農地を貸すか売ることが標準になるような社会的合意が必要と考える。そうした観点からの、農地法の改正や弾力的な運用に向けた議論も求められる。

なお、株式会社の農地保有(農地を農地として使うという限定での借入)を完全に否定すべきではないとしても、継続して農業に使われるための制度的な保証は不可欠だ。その場合、現在の農地行政を実際に司る市町村の農業委員会を柔軟かつ大局的な判断と執行ができる組織へ改革しなければならない。

新たな農業委員会は、農地が農地として使われていない場合には元の利用者に戻すか都道府県の農業公社のような組織に利用を委ねられる権限をもつ必要がある。

提言⑤ 持続可能な社会の根幹に農業を位置づけ、すべての国・地域が最低限守るべきアグリ・ミニマム政策を導入し、その重要性と地域の多様性を考慮した農業政策を各国に提起する

古沢 広祐

提言内容

(1) アグリ・ミニマムによって、各国は食・農・環境の安全保障を確立できる。その権利は、すべての国に優先して認められなければならない。

(2) 地域と社会の多様性に基づいた持続可能な農業・流通・消費の形成を促し、その社会的土台を強固にしていく。

(3) アグリ・ミニマムを中核とする地域性を考慮した国際農業政策を、アジアをはじめ世界各国に向けて提起する。

■農業を中軸とする有機循環社会の構築

「環境の世紀」と呼ばれる今日の世界においては、人類の生存の道筋をどう描くかが問われている。それは、近代工業文明や情報化社会の諸矛盾を克服して、生命系を重視した社会への転換を意味する。そのためには、食・農・環境のつながりに注目し、地域社会のあり方から、国家、国際社会との関係までを視野に入れた将来展望が重要となる。

大地の約３分の１を占める農耕地域(放牧地を含む)は、人類の生存を支える土台である。里地・里山という言葉に象徴されるように、自然環境と人工環境が融合した人為と自然が織り成す共生的な場を形成し、人間社会を長らく支えてきた。歴史的にみれば、本来の農業(持続可能な農業)は、大地と交わる人類の営みとして存続し、食料を生産し、衣食住を支え、風土や文化を形成し、地域環境を保全する一翼を担ってきたのである。

本来の農業は、自然とのバランスを保ちながら豊かな生物多様性を保持し、地域資源を有効に循環利用する持続可能なシステムとしての特徴や要素をもつ。過度な工業化、産業化(大量生産・大量消費)に土台をおく持続不可能な今日の社会から、どのように持続可能な社会へと転換していくのか。そこでは、本来の農業の復権がきわめて重要な役割を果たす。それは、生命の循環を重視する社会形成であり、農業を中軸とする有機循環社会の構築にほかならない。

■必要最小限の農業を保持する権利と政策

アグリ・ミニマムは、各国が必要最小限の農業を保持する権利に基づいた政策である。それは、食・農・環境の緊密な関係性をふまえて、食料安全保障と環境(自然生態系)安全保障を融合させた、「食・農・環境の安全保障」の根幹を支えていく。

私たちの身体は大地・自然の循環の一部をなし、とりわけ食と農によって支えられている。健康は健全な食により維持される。それはとりもなおさず、環境に調和した農の営みに基づいている。内なる人間の身体環境と外なる地球環境とは密接不可分につながっており、その緊密な関係性が再認識・再評価されなければならない(身土不二の思想)。地球の多様な生態環境と調和した持続可能な農業の形成こそが、私たち一人ひとりの健康を維持する基本であり、土台を形成する。

だからこそ、人類生存の根幹にかかわる第一次産業、とりわけ農業の重視と再評価が求められている。それは、各国・各地域の生態環境に適合した持続可能な農業の確立を意味する。それに基づいて各国・各地域の自立性と多様性が高まり、地球環境全体が安定していく。すなわち、アグリ・ミニマムによる食・農・環境の安全保障である。日本の最小限の農業の指標は今後つめていかねばならないが、以下の点は必須だろう。

①主食と野菜は自給する(自給率100%)。

②家畜の飼料自給率を少なくとも50%以上とする。

③地域レベルで風土に即した農的環境を整備していくために、条例の制定などによって地域版アグリ・ミニマム(農的環境整備の目標)を設定していく。

④農産物価格は生産コストに見合い、かつ生産者が人間としての尊厳をもって生きられる利益を生み出せるものでなければならない。

■さまざまなタイプの農業の共存

本来の農業は、地域資源と生活や文化(風土)に結びついた生産活動である。そこで必要なのは、農産物を工業製品と同列に扱う画一化や市場万能主義に傾斜しすぎずに、各国・各地域の環境や資源に応じた多様な農業(持続可能な本来農業)を構築する支援体制である。

したがって、市場を前提としたビジネス型農業、条件不利な中山間地域などでの所得保障が下支えする保全型農業(環境支払いを含む)、教育・福祉・レクリエーション的効用に焦点をあてる多面的効用型農業など、多様な形態の農業を育成する総合的政策が求められる。また、生産者と消費者の安定的関係や相互啓発的な人間的関係を大切にする産消提携型の生産・流通・消費の有機的な結合の形成が、重要な役割を果たす。

農業内部のみならず、農業と他のセクターとの連携(農・商・工連携)や消費者と協働した有機性資源の循環も大切だ。その際、畜産や農地が食品残渣や廃棄物の処理場所(捨て先)にならないように、生産・加工プロセスの管理や、生活環境・食生活の安全性の向上と密接に結びついていく必要がある。こうして、農業の復権は、生命循環の重視に基づく社会形成の根幹をなしていく。

■日本発の国際的なアグリ・ミニマム政策の提起

農業を社会の中軸におくためには、それぞれの国や地域が主体的に設定できる(あるいは守る)アグリ・ミニマム政策の導入が重要である。それには国内政策だけでは不十分で、国際社会の合意形成が求められる。

したがって、日本から世界に向けてアグリ・ミニマム政策を提起する必要がある。その際、それぞれの国や地域は少なくとも50%(数値設定においては、一定の幅を考慮する必要がある)は農産物を自国内で自給することを承認し合うよう働きかけるべきだろう。それこそが、食・農・環境の安全保障にほかならない。

また、アジアでもヨーロッパでも、中山間地域においては、地域社会の安定と地域文化の担い手としての小農(小規模家族農業)を健全な形で維持・発展させるための政策が大きな意味をもつ。それは、ゆきすぎた競争と弱者切り捨てというグローバル経済の負の側面に対して地域自立の要になるものであり、日本がアグリ・ミニマム政策として提案すれば国際的に高く評価されるだろう。

こうした措置のもとではじめて、地域環境・地球環境の保全と制御された市場原理との両立、本来農業への道が確保されると考える。

提言⑥ 体験型食農教育を小・中学校の基本カリキュラムに組み入れる

澤登 早苗

提言内容

（1）小・中学校内に食育菜園を設け、菜園・食農教育を身近なものとして普及させる。食育菜園では、自然の循環・共生・多様性を活かした栽培方法を実践する。化学肥料・化学合成農薬は使用せず、ビオトープ機能も併せ持たせる。

（2）全学年で食育菜園を活用した授業やレクリエーションを科目横断的に実施する。「食育菜園で学ぶ英語」などの新しいプログラムも開発する。

（3）農業体験学習を必修とする。少なくとも年に数回は農作業に参加し、動植物の育成過程にかかわり、その魅力と苦労を体感する。

（4）すべての子どもが農山漁村に３日以上滞在し、生活体験する機会をもつことができるような制度と体制を整備する。

（5）親子で参加できる食農体験プログラムを数多く実施する。

■持続可能な農業の応援団を育てる

作物を栽培すると、子どもたちは日常的にいのちにふれる。自分で育てた野菜は好き嫌いなく食べる。これらを通じて「食べることはいのちをいただくこと」が実感できる。その体験の場が食育菜園だ。小さな区画でも有機的な栽培管理を続けていけば、多様ないのちが宿る空間となり、ビオトープの役割を果たす。

食育菜園では、人と自然、人と人、人と生き物のつながりや関係性を学ぶ。学んだことを試してみる自発的な学習態度も育つ。近年は、言語習得の場としての適性も明らかになってきた。食育菜園を活用した英語教育プログラムが展開されれば、小学校への英語導入で削減された総合的な学習の時間が復活できる。

いのちあるものを育てる仕事を本質とする農業は、人間を人間らしく育てる教育と本質的に通じるといわれる。それは、農業に備わる人間が生きるための知恵が子どもの知性を磨く素材となり、生き物を育てる経験は子どもの思考力を開放し、豊かな社会認識の基礎となるからである。

ところが、日常生活で農業を体験する機会はほとんどない。それゆえ、義務教育に体験型食農教育を組み入れる必要がある。また、それを単なる体験で終わらせないためには、食育菜園での日常的な学びと農業現場における体験学習の組み合わせがカギとなる。両者の結合によって、食べ物はより身近な存在となり、農業に対する関心が広がり、食・農・環境への意識や理解が深まる。農山漁村での生活体験によって、生きるための基本、環境保全の必要性、自然に対する畏敬の念と責任感、人びとへの感謝の念などを総合的に実感できる。

こうしたカリキュラムを家族や地域社会と連携して、体系的かつ継続的に実施すれば、生命産業である農業の重要性が社会に認知され、持続可能な日本農業を応援する動きが活発になるであろう。

ただし、その普及・推進のためには保護者の理解を得なければならない。そこで効果的なのは、保護者も農業体験できる機会を設けることだ。親子で参加できる質の高い体験型食農プログラムを数多く実施するとともに、企業が1年間に数日は参加のための有給休暇を保証する制度の導入が望ましい。それは、ライフスタイルの変革も促すにちがいない。

■実現へのプロセス

(1) 大半の小・中学校に設けられている花壇や緑地の一部を食育菜園に転換する。スペースの確保がむずかしい地域では、温暖化対策を兼ねた屋上への新設、近隣の公園への菜園区画の設置などを検討する。

(2) 総合的な学習の時間を利用して、菜園学習と英語学習を統合する。

(3) 教育ファーム推進事業を活用して、農家で農作業体験を行う体制を整備する。同一農家を１生育期間中に２回以上訪れ、同一作物について２つ以上の農作業を体験する。同時に、作物や家畜を育てる思いや環境に対する配慮について農家から話を聞く機会を必ず設ける。また、学校田や学校畑、遊休農地で小・中学生が主体となって農作物を栽培し、収穫物を学校給食で活用する。日常管理を委託する場合は、種播き、植え付け、収穫以外の作業にも必ず参加する。農作業に家族や地域の人びとが参加する機会を設ければ、学校と地域社会をつなぐコミュニティ・ガーデンとしての機能も期待できる。

(4) 総務省・農林水産省・文部科学省によって行われている「子ども農山漁村プロジェクト」(小学生120万人の農村体験)を活用して、同様のプログラムを継続的に全小学校で実施する体制を整える。都市部の子どもだけでなく、農山漁村に住む子どもたちにも、生活体験の機会を与える。

(5) 筆者らが東京都港区の子育て支援センターで実践してきた未就学児とその家族を対象にする「親子有機野菜教室」のカリキュラムを用いて、都市部で親子で参加する体験型食農プログラムを展開する。

■パイロット・プロジェクト実施のための体制整備

①モデル・カリキュラムと教員向け手引きの作成

食育菜園で食べ物を育てて食べる教育には、科目横断的で問題発見・解決型の学びの要素が豊富に含まれている。それを教員が理解し、授業で無理なく取り入れるために作成する。

②システム・モデルの提案

属人的なプログラムではなく、システムとして誰でも取り組めるようなモデルを提案する。その作成にあたっては、米国カリフォルニア州における菜園学習の長年の経験をもとに体系的にまとめられた“Growing Classroom”(R. Jaffe & G. Appel 著)や「復刊 自然の観察」(農山漁村文化協会、2009年)などが参考になる。

③食育菜園教育を支援する人材育成と任用

教員の負担を増やさないために、食育菜園教育を支援する人材(仮称:菜園コーディネーター)やボランティアスタッフを育成し、任用する。

④研修施設の開設

対象者別に教育プログラムを開催し、子ども向けの環境教育、教員研修、ボランティアスタッフの養成を行う。カリフォルニア大学サンタクルーズ校で行われている菜園・環境教育プログラム(Life Laboratory Science Program)が参考になる。

■モデル・カリキュラムの開発

①教員と支援者用モデル・カリキュラム集の作成

食農教育や教育ファームの優良事例は、雑誌『食農教育』(農山漁村文化協会)や「GO! GO!教育ファーム〜教育ファーム実践例〜」(農林水産省)などで紹介されている。それらを参考にモデル・カリキュラムを開発し、それを用いてどのような教育展開が可能であるかを検討する。その際、食育、栽培教育、栄養教育、理科、社会科など通常の関連領域とされる分野のみならず、英語、数学、国語、音楽、美術など広範な科目との関連を探る。

②誰でも手軽にできるカリキュラムの検討

筆者は、誰でも手軽に授業で取り組める菜園教育をめざして、恵泉女学園大学と子育て支援センターで実践してきた「恵泉式有機園芸プログラム」をもとに、小学校の総合学習における栽培プログラムを提案してきた。これを発展させ、英語や複数の科目横断的な、むずかしくない教育プログラムの可能性を探る。

③「学校菜園で英語を」カリキュラムの研究

丹下晴美氏が今治市の小学校で実践してきた先進的事例などを参考に、英語と総合学習を組み合わせた教材を開発し、研究授業を行う。

④失敗事例と対策集の作成

失敗事例は、進歩のための重要な素材である。なぜ失敗したかを分析し、どうすればよいかの対策を示した事例集を作成し、指導者向けに提供する。

提言⑦ 新しい価値観をもった農業の次世代地域リーダーを育成する高等教育機関を設立する

澤登 早苗

提 言 内 容

（1）本来農業の哲学と手法を習得する高等教育機関を設立し、地域リーダーや次世代農業経営者を育成する。あわせて、アジア・アフリカなど途上国における持続可能な農業をリードできる人材を育成する。

（2）国内外の先進的農業理論、農法、活動を取り入れ、実学の精神を基本に最先端の知識と技法を習得できる教育機関とする。

（3）民間企業の経営技術や知識を参考にし、運営は官民共同で行う。

（4）新しい理念と高度なスキルをもった卒業生の継続的な輩出によって、農業経営に新しい視点とより高度な技能を導入する。

■農業教育のあり方の再考と教育環境の整備

持続可能な農業である本来農業が各地で実践されるためには、リーダーとなる人材を育成する必要がある。リーダーは、ものごとを体系的に捉え、長期的な展望にたって、具体的に行動できる総合力を備えていなければならない。これまでの農業教育は、生産性向上のための技術や農業経営の改善に偏っていた。農村社会が弱体化し、リーダーが育つ基盤が失われつつあるいま、次世代地域リーダーの養成に焦点をしぼった高等教育機関の設立が早急に求められる。

農業の近代化は、生産効率に寄与しないもの(たとえば作物以外の生きもの)を淘汰する「排除の技術」と、学問相互の関係が捉えにくい「タコつぼ型研究スタイル」によって、すすめられてきた。分野が細分化され、生産効率向上のためのパーツ技術の開発が主流となり、農業を環境、経済、社会、文化など多面的な機能を有する複合体として捉える総合農学的な視点や方法論が軽視されてきたのである。その結果、現場からかけ離れた研究に終始し、個別事項に関する研究は得意だが、体系的に捉えた対応ができない研究者や教育者が増えた。

これに対して近年、各地で「田んぼの生きもの調査」が行われている。農地を食料生産だけでなく、生きものを育む空間としても捉え、農生態系の持続可能性という観点から評価する取り組みである。本来農業への認識を深め、その実践を広げるためには、近代農学とは異なるこうした新しい発想や方法論を体系的に学ぶ教育環境の整備が不可欠だ。

持続可能な社会の基盤は持続可能な農業にある。そのためには、新たな世界観や自然観、農業の価値、農法・農業技術を学ばなければならない。農業や農村の現場を訪れ、現状を直視し、問題点を共有・体感すれば、本来農業は決して代替的ではなく、日本農業の主流になることが確信できるであろう。また、その実感なしに、地域特性を活かした農業の普及と地域社会の再生はむずかしい。

■実現へのプロセス

(1) 既存の枠組みを利用した、次世代地域リーダー養成コースの設置

現行の教育制度では、高等教育機関を新設する場合には、文部科学省が定める設置基準を満たす必要があり、経済的にも物理的にも多くの困難を伴う。そこで、第一段階としては、既存の教育機関の枠組みを利用したコースの設置が現実的だろう。

具体的には、本構想に賛同する教育機関を募り、寄付講座のような、独立性が高い期限付きのコース開設をめざす。対象教育機関としては、農場と宿泊施設を併設する農学系の大学·短大や農業大学校が望ましい。

その際もっとも優先すべきは、受け入れ側の本来農業に対する理解度

である。したがって、開発途上国向けの農業研修を実施している国際協力機構(JICA)の研修センターや、長年アジア・アフリカの農村のために自給的な有機農業を基盤とした教育実践を行っているアジア学院(栃木県)なども視野に入れて、可能性を探る。必要経費の一部は、有機農業の推進のために用意されている公的資金の活用を考えたい。

(2) 官民共同高等教育機関の設置・運営に向けた支援の枠組みの確立

(1)を試行的に運営しながら、官民共同で独立した高等教育機関の設置・運営の可能性を模索する。有機農業、環境保全型農業、環境政策を推進するための公的資金や、文部科学省の補助金を活用する可能性も探る。

一方で、食の安全・安心や農のあるライフスタイルへの関心が高まっている現状を好機と捉え、こうした高等教育機関の設置が時代の要請であり、公共性が高いことが広く理解されるように、普及・啓発活動を行う。

■モデル・カリキュラムと基本コンセプト

高校卒業者だけを入学対象者と定めず、多様な年齢層の受け入れを想定して、柔軟度が高い多様なプログラムを提供する。以下に、既存の農学教育に不足している点をふまえた内容を示す。

(1) 農業の価値や社会における役割への理解を深めるための基礎科目

①アグロエコロジー

生態学の原理と概念を持続可能な食料システムのデザインと管理に応用する。畑から食卓に至るまでの食料システムを対象とし、経済的・生態的・社会的側面を視野に入れた学際的な研究スタイルを取り入れる。

②海外農業・国際理解

海外の農業に関する講義をはじめ、JICA、アジア学院、PHD協会(兵庫県)などの海外研修生との意見交換会や交流事業を行う。海外の農業・農村現場での体験学習も必修科目とする。農業は万国・万民共通の課題であり、持続可能な農業の発展こそが国際平和につながることを学び、国際感覚を身につける。

③先進事例から学ぶ

先進的な農業実践者、ジャーナリスト、企業の経営者など多様な分野で多様な取り組みをしている人たちをゲストに迎え、生の声を聞く機会を多く設け、何が先進的な取り組みに共通しているかを学ぶ。また、百姓が培ってきた知恵について学ぶ機会も積極的に用意する。

(2) 実学の精神に基づく実習・体験学習プログラム

①自分で育てて、食べる(栽培実習)

生産のためではなく、教養としての栽培実習。土を耕し、作物を育て、収穫し、食するまでの全過程を体験する。恵泉女学園大学の「生活園芸」がモデルとなる(150〜159ページ参照)。作物の一生に寄り添うなかで、人と自然の関係、人と農業の関係を考えていく。

②校外農村・農家実習

農業の生産現場や農村の生活体験をとおして、農業・農村の現実を直視し、課題を抽出し、解決策を検討する。夏休みなどの長期休暇または週末を利用して定期的に同じ地域に通い、一定期間(通算で最低2週間)以上の滞在を条件とする。

③問題解決のためのプロジェクト研究

実習を通じて明らかになった問題を解決するための研究と、それを実践するための起業プロジェクトの立ち上げなど。現場から課題を抽出し、それを実践的に解決していく方法を学ぶ。

④新しいライフスタイルへの理解を深めるための体験学習

パーマカルチャーの実践圃場やエコビレッジなどを訪問して学ぶ。

(3) 学びやすいコース設定

基本コースは2年制とするが、在職者が参加しやすいように1年制の修了コースも設ける。基本コースでは最低1年間、寮などで共同生活する。また、修了生が学びを深めながら、学生の教育支援体制を充実させるために、1年間の教育支援インターンシップ制度を導入する。

(4) 学生による食農関連起業プロジェクトの実施

自給用食料の生産、学内カフェの運営、提携・CSA(Community Supported Agriculture ＝地域が支える農業)など、本来農業を実践的に学ぶために有益な事業を、学生が起業プロジェクトとして行う。これによって実践を通じて学ぶ機会を増し、同時に経済的負担の軽減を図る。

提言⑧ 持続可能な技術を開発する百姓やNPO参加型の研究組織を設立する

宇根　豊

提言内容

（1）百姓やNPO参加型の農業試験研究機構を設立する。

（2）研究の柱は次の三つとする。

①百姓仕事の土台技術の解明と、その評価方法の研究。

②持続可能な農業生産の試験研究。とくに、自然環境を把握する技術をすべての技術に組み込む研究。

③生物多様性や風景や文化を伝承・発展させるための研究。

（3）農業生産の概念を広く深く捉え直し、従来の研究方針を全面的に再検討して、再構築する。

（4）百姓の研究圃場も、この研究機構に位置づける。つまり、百姓やNPO、市民参加型の試験研究のスタイルを生み出す。

（5）研究機構の予算は、地方分権を果たした都道府県が分担する。

■既存の試験研究体制のひずみ

農林水産省や都道府県に農業試験場が税金で設立されたのは、農業の近代化のためである。これ対しては、つい最近まで誰も異を唱えなかった。たしかに、多くの近代化技術が農業試験研究機関から生み出され、農業の近代化に寄与したことは、誰も疑わない事実だ。しかし、そうした試験研究体制が大きなひずみをもたらしてきたことに、ようやく目が向き始めている。その原因は以下のとおりである。

①こうした近代化技術には、作物への情愛や仕事の誇りへの配慮がほとんど含まれておらず、冷たい生産性尺度だけが評価基準になってしまった。

②民間の土着技術に着目し、評価する姿勢が、衰えてきた。

③農業の近代化に否定的で対抗するような技術が生まれなくなった。

④広範囲に適応できる普遍的な技術だけが評価され、ささやかな範囲の、ささやかな目的の技術が軽視されるようになった。

⑤農業技術の指導体制が上意下達の硬直したシステムになり、百姓仕事のなかの技術との交流がなくなった。

■近代化技術に欠けているもの

とくに、第二次世界大戦後の農業近代化技術の発達はめざましかった。それがどうやら行き着いて、冷静に近代化技術の長所と短所を分析できるようになるまで、半世紀を要したということだ。

じつに多くの近代化技術がうち捨てられてきたことを、軽く見てはならない。農薬の多くは使用されなくなり、水稲の直播栽培はほとんど普及せず、過度の機械化はあだ花に終わった。無駄な技術研究も少なくなかった理由は、何だったのだろうか。

そして、近代化技術に欠けている点を指摘しないわけにはいかない。

まず、近代化技術が自然環境にどういう変化とダメージを与えているかの実態を把握する技術が欠けていることに気づいてほしい。それは、外部に発注して、調査分析してもらうものではない。

また、近代化技術以前は、自然環境にどう影響するかを把握する技術が百姓仕事のなかに含まれていた。なぜなら、それまでの技術は自然と親和的で、自然循環系からはみ出すことが少なく、百姓仕事の土台技術がその役割を担っていたからである。土台技術とは、テクニックではなく、田畑や作物を見回りしたり、土や水や生きものを気づかう仕事の内実である。つまり、近代化技術には土台技術が付随していない。

さらに、近代化技術では、技術の主体が放逐されている。百姓の主体と無縁に技術が確立されるシステム自体に欠陥があることに、そろそろ気づかなければならない。

■百姓の経験と技術の評価

もともと「農事改良」は有史以来、百姓によって行われてきたと言っていい。たとえば、多くの品種が百姓から生まれ、普及してきた。百姓は種採りのときに、否が応でも「変種」に気づくものだ。「ほう!」と感じるものだけ別に採種するのは、百姓仕事の一部であった。新種に気づくのは土台技術の役割であり、採種は作物への情愛の出発点である。

ところが、品種改良が公的な農業試験研究機関によって独占的に行われるようになると、自家採種すら認められなくなった。品種は「統一」され、かつて一村に100品種もあったにもかかわらず、いまでは数品種にすぎない。なにより、それがはたしていいことだったのかを検討する気分がないことが問題だ。

ここでは品種改良を例にとったが、すべての近代化技術はこうした性格をかかえている。その全面的な再検討は、新しい農業試験研究機構の重要な仕事となろう。

旧来の農業試験場の廃止を唱えるのではない。百姓の圃場も試験場であることを再認識すべきだと、研究者と同時に百姓にも訴えたい。百姓が工夫し、試みている技術を支援し、すくい上げる農業試験研究機構がなければならない。情愛と土台技術もろともすくい上げる試験研究スタイルが求められている。

国家の方針に従わない研究から、すぐれた農業技術が生まれたことは、これまでに数え切れないほど多い。かつて総合防除の研究が白眼視されていた時期もあったし、当時の価値観にはそぐわないものに目をつけた研究者の力量によって世に出た新しい品種も多い。

近代化技術の欠陥を補う、新たな脱近代化技術が求められつつあるいま、先駆的に実施してきた百姓の経験と技術を正当に評価し、表現しなければならない。そのとき、必ずしも科学的な説明だけで行う必要はない。豊かに多彩に行われなければならない。

さらに、環境把握技術と土台技術は百姓の生き方によって変化することを指摘しておきたい。テクニックとしての技術が生き方に統合されたとき、その技術は百姓仕事のなかに埋め込まれる。普遍的な技術が普及しているように表面的には見えるのは、百姓の土台技術によってそれが加工され、換骨奪胎されてきたからである。

■土台技術から世界観の提示まで

新しい農業試験研究機構は、近代的な価値だけを追求する必要はない。むしろ、これまで軽視されてきた世界をたぐり寄せる研究が王道となろう。そのポイントをあげておこう。

①カネにならない世界がどういう営みによって成り立っているのかを明らかにする(土台技術の再発見)。

②その土台技術を分析し、さらに豊かにするためにはどうしたらいいのかを考える(技術の新しい評価と伝達の仕組みをつくる)。

③その世界を一人の百姓として、あるいは世の中全体として、どう支えていくのかを提案する(新しい環境農業政策を立案する)。

④農と、農に根ざしたくらし全体の新しい世界像(世界観)を提示する(ナチュラリストとしての百姓の存在意義が問われる)。

これらを本気で追求しなければならない。そのためには、新しいタイプのマネジメントが工夫されなければならない。

提言⑨ 持続可能な農業を支える農業ビジネス・アカデミーを段階的に組織し、全国展開する

石黒　功

提言内容

（1）農業ビジネス・アカデミーの基本は、いのちの循環の視点に立つ農業教育である。そこでは、農・食・人間の３つをテーマとする。

（2）農業ビジネスとマーケティングをテーマとした実践的なカリキュラムを構築し、講師を養成する。

（3）国、自治体、農業生産者が協力して、農業ビジネス・アカデミー講座を多くの地域で開き、全国の農業従事者に、いのちの循環の視点に立った新しいビジネススキルの普及を図る。

■農・食・人間の具体的カリキュラム

農薬・化学肥料の多用、機械化、大規模化に象徴される近代農業は、環境破壊に大きく加担してきた。私たちは、自然やいのちに寄り添う農業の原点に立ち返らなければならない。いまこそ、農業の現場に密着しながら、自然と人間の再生につながる持続可能な農業を実現する高等農業教育が必要である。有機農業のバイブルとして知られる『農業聖典』（コモンズ、2003年）の著者アルバート・ハワードは、こう述べている。

「すべての生物は生まれながらにして健康である。この摂理は、土・植物・動物・人間をひとつの鎖の輪で結ぶ法則に支配されている。最初の輪・土壌の弱体は、第二の輪・植物に影響し、第三の輪・動物を侵し、

人間にいたる」

農業ビジネス・アカデミーでは、この生態系の要である土を基礎にして、植物、動物、そして人間へとめぐる循環の思想を背景にし、いのちの輪に沿って連携する農、食、人間という３分野を学んでいく。

カリキュラムは、それらにかかわる講義、実践・実習、課題研究を組み合わせて編成する。受講者は生命の循環に沿う農業のあり方と、生産、加工、流通にわたる農業の営み全体を実践し、体得できる。

①農(土)

作物をいかに育てるか。土そのものの生命力の発揮を主眼とする農法を実践・検証しながら、持続可能な農業技術を学ぶ。

自然・有機農法論、環境保全・蘇生型農業論、自給農業論、永続可能社会の哲学と世界的課題、日本と世界の永続可能な農業の実践事例、農の哲学、アジアの伝統農業、物質循環論、土壌環境と作物、バイオマス利用論、耕畜連携論、病害虫防除論、永続農業実践演習

②食(植物・動物)

豊かな土壌で育てられた食材(植物・動物)をいかに食べるか。得られた食材が有する栄養性や機能性と心身の健康との関係を明らかにしながら、調理と加工を学ぶ。

食料と自然、社会の永続可能な発展、食養論(医食同源)、食文化と東洋医学、食育・食生活論、本草学、食の安全性とトレーサビリティ、食生態学、栄養学(栄養分析を含む)、食品加工の基礎と実践、食育・食養実践演習

③人間

自然と共生し、持続可能な農業の実現をめざしながら、いかに生きるか。人間の心身と社会のありようを探り、地域コミュニティの創成を試みる。また、農作物と加工品の販売・流通に関するビジネススキル、中山間地などの荒廃地の修復・再生方法を習得する。

生命・環境・農業にかかわる哲学・思想・倫理、経済発展と農業・農村の変容、農業環境政策論、日本農業の発展と課題、エコロジー経済学と循環型社会、農業ビジネスモデル論、新時代の農業経営・経済論、地

域支援型農業論、地域リーダー育成論、農的価値創造論、農の多面的機能論、ネットワーク形成論、農村コミュニケーション論、農業福祉論(園芸作物と福祉)、マーケティング計画策定、ファームビジネス実践実習

■ビジネスとマーケティングの具体的カリキュラム

従来の農業は、生産の向上に主眼がおかれてきた。新しい技術の導入によってそれは達成されたが、従来の農業生産は、プロダクトアウト(生産者の視点・都合の優先)の状態である。他の産業では生活者の要望を理解し、彼らが求める品質と数量を提供する経営(マーケットイン)が常識となっているなかで、農業は大きく遅れている。今後は、生活者の目線に立ち、生活者のニーズに合った農業生産が求められる。

農業ビジネス・アカデミーは、国や自治体の行政と協力して学習の場を提供する。就農に必要な農地を確保するには、農業者として認定されなければならない。農・食・人間の３講座の受講によって、その認定を受けられるように、行政との連携を深めていく。カリキュラムは以下のとおりである。

① 農業経営の基礎と応用、農業法人の経営展開と農業参入制約、農業経営における経営要素の組み合わせと生産管理、費用管理と収支管理

② 農産物のマーケティングと経営戦略、マーケティングの基礎知識とフレームワーク、ブランド力を高める販売戦略の基礎知識、ブランドマーケティングと経営戦略

③ニーズ起点型経営、サプライチェーン・マネジメント(SCM)経営(生産・販売・物流に関するモノと情報の流れを整理して経営効率を向上させる)、ニーズの発掘と創造戦略

④環境経営、農業と関連する環境問題の基礎知識、企業の環境マネジメントシステムと企業の社会的責任(CSR)

運営にあたっては、行政・研究機関・生産者・流通企業に応分の負担を求める。

■農の原点から新たな農の世界を展望する

人間が主体的に、地域の自然と風土に寄り添いながら、土地固有の作物(品種)を育ててきたのが、本来の農業(小農)の姿である。しかし、過度の資材に依存する近代農業の進展とともに、主体としての人間の姿が見失われていった。ここに、現代の農業がかかえる主要な問題がある。

私たちにはいま、自然や耕す土、作物からいのちの息吹を体全体で感じ、知恵を体得するという、東洋の伝統的な知(身体知)の復活と、その体験が必要ではないだろうか。そうした視点で、日本とアジアの伝統的な小農の原点に立ち返り、新たな農の世界を展望し、持続可能な農業を実現する教育を実践していきたい。そこに、ビジネスチャンスを見出していきたい。

たとえばサラダボウル(10～17ページ参照)では、無農薬栽培・低農薬栽培をめざすとともに、トマトで言えば、流通業者の都合に合わせて桃太郎を作るのではなく、消費者のニーズに合わせたトマトらしい味の品種を作って成功した。また、ベルグアース(44～51ページ参照)の山口一彦社長は、「『これだけ出来たから買ってください』ではなく、『消費者のニーズを考えて作る』この意識の変化こそが日本農業の革命です。その為にいつでも、どこでも、いくらでも商品をお届けできる体制の構築に注力しています」(同社ホームページ)と述べている。その結果、同社は日本一の苗生産企業に成長した。

多様な地域での豊富な体験をとおして、心を耕し、叡智を養う教育(耕心)を重視する。そして、自然や人間への豊かな感性と、農業への喜びと誇りをもって、現場の課題を掘り起こし、解決する実践能力を備えたリーダーを養成していく。それが、地域の再生と新たな時代の創造に貢献する道である。

提言⑩ 生産者と生活者（消費者）の多様なネットワークを築き、顔の見える農業生産を実現し、活動実績がある地域で先行して、市民参加型農業の普及を図る

本野 一郎

提言内容

（1）有機農業運動が培ってきた生産者と消費者の提携関係を、市民参加型農業（CPA=Citizen Participatory Agriculture）に発展させる。

（2）各地に広がってきた地産地消運動、直売所、ファーマーズマーケットの活動を広げて、市民参加型農業に発展させる。

（3）本格的な農業への参加志向がある農業ボランティアのグループを組織して、市民参加型農業に発展させる。

（4）多くの自治体にある市民農園の参加者を組織して、市民参加型農業に発展させる。

■生産者も生活者も相手の視点に立つ

普及の近道は、実際に市民が参加しているさまざまな運動や活動に市民参加型農業プログラムを組み込むことである。こうした場では、生産者と都市生活者がともに農業のあり方を検討し、生産と販売の方法に新たな視点を取り入れられる。

また、都市生活者が農業生産に参加するだけでなく、生産者の視点から見た生産と販売のあり方を検討し、より密接な関係づくりのために何が求められるかを検証し、具体化していかねばならない。市民参加型農業が広がれば、都市生活者は農業生産に対する当事者意識が高まり、本当の意味での顔の見える関係が実現する。生産者にとっては、都市生活者の要望を的確に捉え、生活者側に立った販売・流通方法をより実際的に検討する機会ともなる。

■有機農業運動・直売所・農業ボランティア・市民農園の活動の深化

有機農業運動を担う共同購入グループでは、以前から都市生活者が農業支援(援農)に参加してきた。草取りや害虫取りが必要とされる季節には、田畑に都市生活者の姿が見られる。

しかし、有機農業を担う生産者も高齢化がすすみ、都市生活者から生産者志望者を送り込むことが現実の課題となっている。都市生活者にとっては、有機農産物を受け取る側から、農業者を支える主体への転換が求められる。それは、農場参加者の一員として、年会費で農場の必要経費を分担することを意味する。ここでは農産物の個々の価格設定は必要がなくなる。

各地の直売所は、ブームといってよいほどの拡大を続けている。地域住民の支持を受け、地産地消のモデルとしての評価は定着した。これからの課題は、直売所が本来めざしていた交流拠点としての質的な深化であろう。

先進的な地域の直売所祭りでは、ふだんはお客さんとして購入している住民が、直売所サポーターとして運営の一端を担っている。見学会から一歩進んで、収穫・出荷作業体験などの取り組みも始まった。これらをとおして、直売所を「自分の店」としてだけではなく、「自分たちの農場」として考える地域住民に進化していくことが今後は必要とされる。

農作業体験のニーズは、21世紀に入って大きく増えた。農業志向の都市生活者は家庭菜園レベルに満足できず、本格的な農業への参加を求めている。これが、学生や市民が手軽に農作業体験ができ、農家も労働力としてある程度あてにできる制度づくりが各地で広がっている理由である。この形態をボランティアとアルバイトの混合型という意味で、「ボラバイト」と呼んでいる。

これまでの経験から、ボランティア登録者数が300名を超えると、30戸の農家の要望に応えられることが知られている。それをより効果的なシステムとするためには、農家が参加者をどう組織していけるのかと、登録者が自らの農場を確保する道筋をどうつけるかが大切である。

趣味として野菜を作る市民農園では、自分で食べきれない分は一般的に友人に配る。しかし、技術的に安定してくると、それでも余剰が生まれる。それを一般消費者に販売すれば、農園の賃料や肥料代がまかなえるだけでなく、小遣い稼ぎにもなる。

これは都市生活者が農業生産者になる一番の近道である。それを実現するためには、市民農園の付属施設として、販売拠点の設置が不可欠だ。都市住民が互いに生産者であり消費者であるという関係は、新たな農業の可能性を示している。

■市民参加型農業の必要性と意義

国民が支持しない農業は生き残れない。食料他国依存率60％という数字は、日本人が国民の消費を満たすだけの農業が存在しなくてもよいという判断を下した結果である。

なぜ、日本人は自国の農業を支持していないか。それは、本来あるべき農業を行ってこなかったからだ。そのつけがいま、まわってきた。これは、本来あるべき農業の姿を伝えてこられなかった農業関係者の責任でもある。

しかし、農業問題は、決して農業関係者だけの問題ではない。実際には、都市生活者の問題だ。農業者はとにかく目の前に食べ物はあるし、生産できる。農業問題とは結局、食べ物がなくなったときに都市生活者はどうするかなのである。地球的規模でみれば、飢えは確実に差し迫っている。

では、都市生活者はどう対処すればよいのか。実践をとおして、それを考える場が必要である。だからこそ、都市生活者が農業にアプローチできる市民参加型農業が求められている。そこで、農業のあり方を問い直さなければ、農村も都市も共倒れになる。ここに市民参加型農業の核心がある。

都市生活者が農業生産の実情を知ることの意義は大きい。農業生産にふれながら、自分が毎日食べる米や野菜について考える。そこから当事者意識が生まれる。「私、食べる人。あなた、作る人」という関係を超えて、食・農・環境を支える当事者になることが、現在の困難な状況を切り開くポイントだ。

■実現への道筋

顔の見える農業生産はすでに多様な形で展開され、農業生産に参加する都市生活者は増えている。この傾向を後押しすれば、市民参加型農業プログラムは確実に広がる。実現に向けた現実的な道筋は、すでに存在しているのである。

したがって、多額の費用が必要とされるわけではない。国と自治体が大規模化や農業土木に偏った農業関連予算の一定割合を振り向けるだけで、十分な効果が上がると思われる。

自給経済と、その延長の交換経済に立脚した地域循環社会が求められるいま、市民参加型農業は大きな意義をもっている。公共経済を味方につけ、市場経済を相対化する仕組みを実現していこう。

第4章

農業のデータをこれだけは知っておこう

1　食料生産と消費の変化

(1) 耕地面積の推移

日本の耕地面積は1960年代からほぼ一貫して減少し続けている。60年以降の約50年間で、農地は開墾や干拓などによって約110万 ha 拡張される一方、宅地や工業用地などへの転用、耕作放棄などによって約250万 ha 壊廃された。トータルでは約140万 ha(約23%)の減少である(図1)。2008年の耕地面積は、田が252万 ha、畑が211万 ha だ。

図1　日本の耕地面積の推移

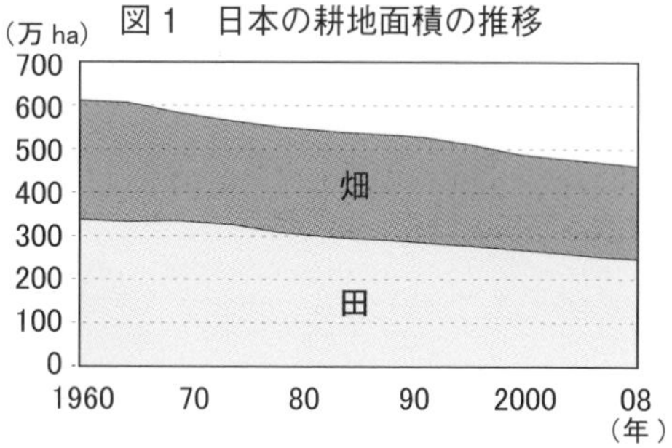

(出典)農林水産省「耕地及び作付面積統計 平成19年」。

(2) 多くの食べ物が棄てられている

農林水産省によると、食品廃棄物のうち一般家庭から発生する割合は約58%で、家庭における食品ロス率は4.1%である。また、供給熱量と摂取熱量のデータを比較すると、廃棄・食べ残しの目安となる両者の差は、1965年の295キロカロリーから2003年には725キロカロリーと2.5倍に増えた(図2)。また、日本は大量に食料を輸入する一方で、食べ残しや食品の廃棄量が多く、その割合は台所ごみの36%ともいわれる(農林水産省「食生活指針の解説要領」2000年)。

図2　供給熱量と摂取熱量の推移
(1人1日あたり)

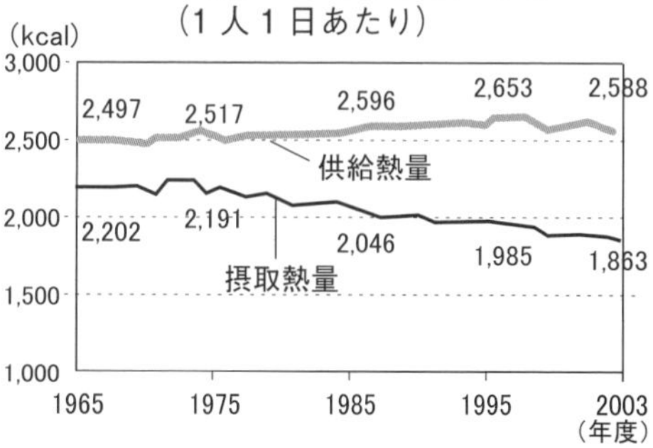

(出典)内閣府「平成21年版 食育白書」。

(3) 食生活の変化

高度経済成長を背景に食生活の洋風化がすすんだ結果、畜産物や油脂類の消費が大きく伸びた一方、主食である米の消費量が大きく減少した(図3)。2007年度と1960年度を比べると、畜産物が4.7倍、油脂類が3.5倍に伸び、米は54%に減少している。

畜産物や油脂類を生産するには大量の飼料穀物(トウモロコシなど)や油脂原料(大豆、菜種など)が必要になる。それらは国内で需要に見合う生産ができておらず、食料自給率の低下につながっている。畜産物の自給率は17%、油脂類の自給率は3%にすぎない。

図3 国民1人あたり供給熱量の構成の推移

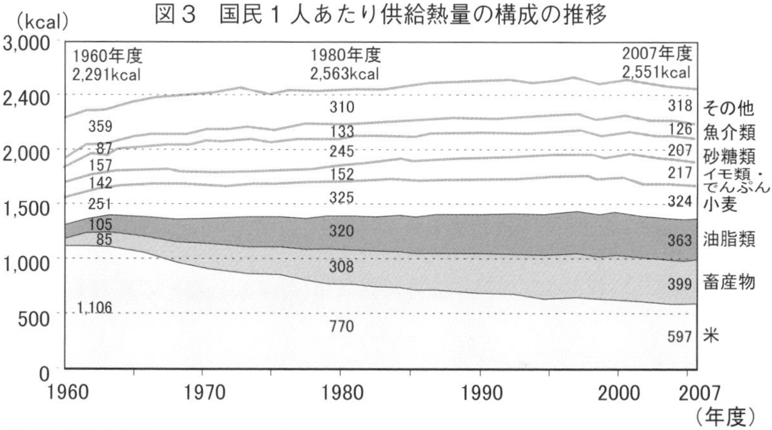

(出典)農林水産省ホームページ「食料需給表」。

(4) 自給率の減少

カロリーベースの食料自給率は、1965年度の73%から75年度には50%と、10年間で大きく低下した。その後10年間はほぼ横ばいで推移したが、85年度以降再び低下し、98年度に40%となり、上昇の兆しはほとんど見られない(図4)。70年度にはイギリスより高く、ドイツともあまり変わらなかったが、現在では主要先進国に比べてきわめて低い。減少が続いているのは日本だけである(図5)。

食料自給率の低下は、農産物の生産を海外の農地に頼っていることにほかならない。日本の食料供給に必要な作付面積の海外依存は年々増え、国内の465万 ha に対して、海外はその約2.7倍の1245万 ha となっている(図6)。日本の豊かな食生活は、海外の農地に支えられて成り立っているのである。

図４　日本の食料自給率の推移

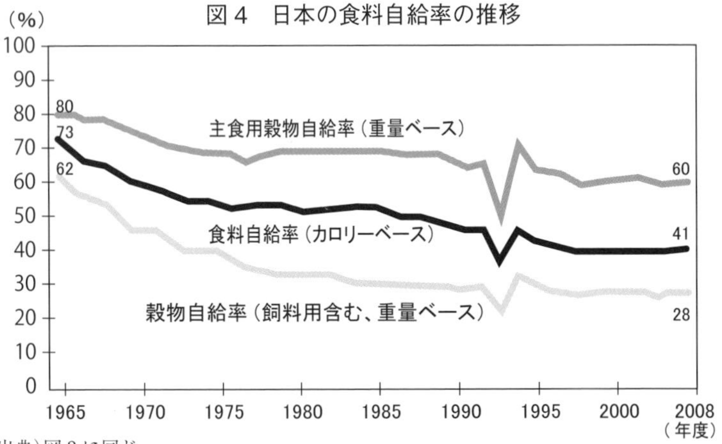

(出典)図３に同じ。

図５　主要先進国と日本の食料自給率(カロリーベース)の推移

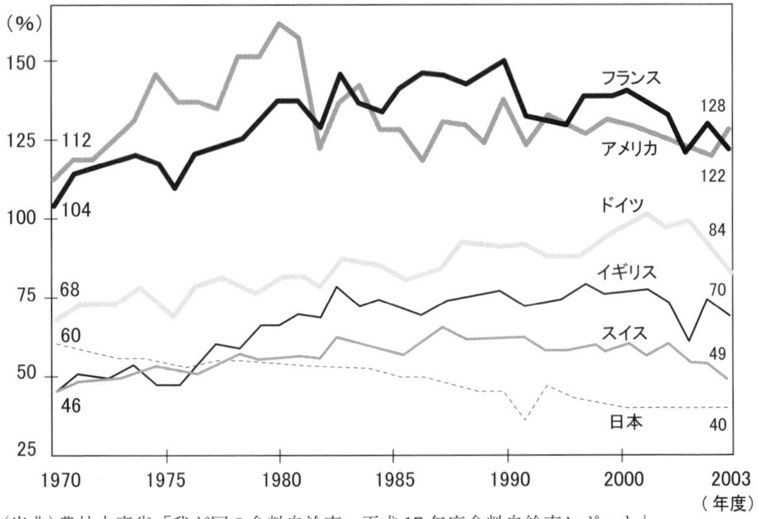

(出典)農林水産省「我が国の食料自給率―平成17年度食料自給率レポート」。

図６　日本の食料供給に必要な作付面積

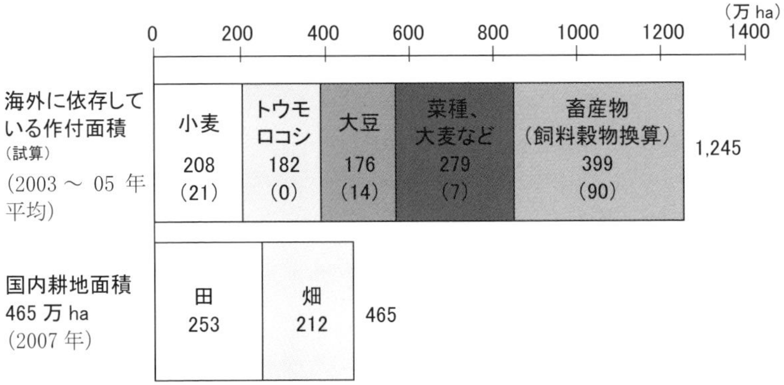

(注)(　)内は日本の作付面積(2007年)。
(出典)農林水産省「食糧需給表」などをもとに同省で作成。

(5) 農産物輸入の増加

工業分野が原料・燃料の輸入と製品の輸出を進める一方で、農業分野では国際分業論に基づき農産物の輸入のみが促進されてきた。2007

図７　日本の農産物貿易の動向(円ベース)

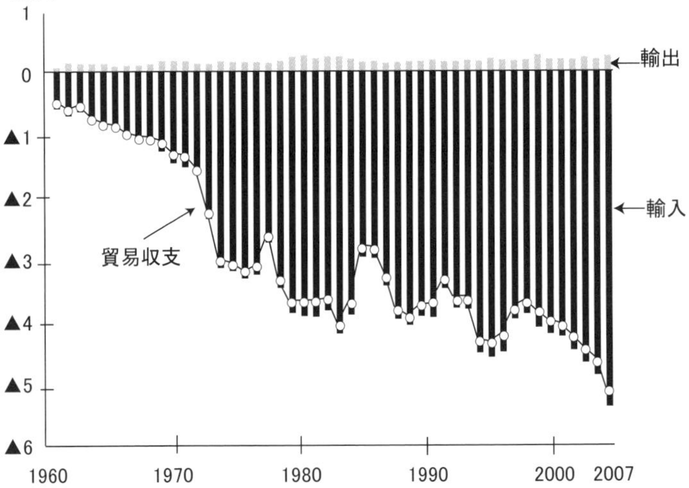

(出典)財務省「貿易統計」。

年の農産物輸入額は約5兆5000億円にものぼっている(図7)。その背景には、高度経済成長期の工業化の急速な進展と、ガットおよびWTOによる自由貿易体制の拡大がある。1986年の前川レポートは農産物輸入の増大に拍車をかけた。日本は関税の引き下げや輸入制限品目の削減を続け、農産物の輸入増加を受け入れてきたのである。

2　日本農業と自然環境

(1) 農業の多面的機能

農業・農村には、食料の供給だけでなく、洪水の防止、地下水の涵養、景観の保全、伝統文化の保存などの役割がある。これらを一般に、農業の多面的機能と呼ぶ。そのうち物理的な機能を中心に貨幣価値の試算を行った結果、日本の農業は最低年間8兆2226億円もの価値を提供していると算定された(表1)。

表1　農業の多面的機能の貨幣評価

項目(機能)	年間評価額
洪水防止機能	3兆4,988億円
河川流況安定機能	1兆4,633億円
地下水涵養機能	537億円
土壌侵食(流出)防止機能	3,318億円
土砂崩壊防止機能	4,782億円
有機性廃棄物処理機能	123億円
気候緩和機能	87億円
保健休養・やすらぎ機能	2兆3,758億円
合　　計	8兆2,226億円

(出典)三菱総合研究所「地球環境・人間生活にかかわる農業及び森林の多面的機能と評価に関する報告書」2001年。

農業の多面的機能の恩恵は、都市住民を含めてすべての国民が受けている。にもかかわらず、耕作放棄地の増加や農村人口の減少・高齢化などによって、その維持・発揮が困難な状況になりつつある。

(2) 過剰施肥と飼料輸入による硝酸汚染と窒素過剰

かつての日本では、稲わらなどの作物残渣、家畜の糞尿、人間の屎尿《しにょう》は堆肥の原料となって農地を豊かにし、再び作物を育てるという、物質循環が成り立っていた。しかし、化学肥料が大量に投入され、輸入農産物が増えるなかで、現在は物質循環が成り立たなくなっている。

農地に窒素肥料を過剰に投入すると、土壌や地下水に硝酸態窒素や亜硝酸態窒素が蓄積し、それを吸収した農作物に残留して、健康に影響する場合がある。また、外国から輸入されるトウモロコシや小麦などには窒素成分が大量に含まれている。これらは家畜のエサや人間の食料として消費された後、排泄物の形で農地を含む環境中に放出され、地下水の汚染や水域の富栄養化をもたらす。

(3) 化石エネルギーへの依存

機械化・化学化・施設化という農業の近代化のなかで、日本の農業は化石エネルギーへの依存を高めてきた。

稲作においては、1955年から90年にかけて化石エネルギー消費量が約5倍になっている。なかでも、農薬と農業機械の伸びが著しい。また、化石エネルギーの投入・生産比が75年ごろから1を下回るようになった(図8)。つまり、生産したエネルギー以上にエネルギーを消費しているのだ。さらに、施設による栽培は露地栽培の4.5倍ものエネルギーを消費しているという。

図8 日本の稲作における化石エネルギー消費の推移

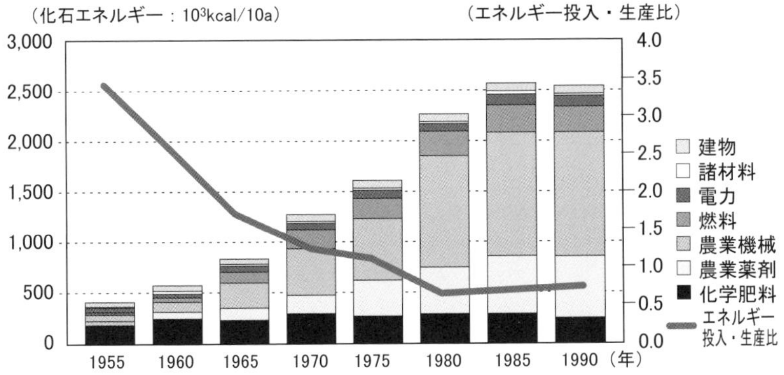

(注)投入エネルギーに人間の労働は加えられていない。
(出典)木村康二「コメ生産における化石エネルギー消費分析」『農業経済研究』(第65巻第1号)をもとに作成。

(4) 外国に比べて極端に高いフード・マイレージ

食料輸入量の増加は、その長距離輸送自体がエネルギー消費の観点から地球環境に負荷を与えている。フード・マイレージとは、輸入食料の総重量と輸入相手国から日本までの輸送距離を掛け合わせたものであり、単位はt・kmで表される。

2001年度のデータでは、日本は1年間に約5800万tの食料を平均約1万5000kmの距離をかけて輸入し、そのフード・マイレージは国内における食料輸送量の16倍にもなっている。各国と日本の数値を比較すると、アメリカと韓国が3割強、イギリスとドイツが約2割、フランスは1割強にすぎない。日本は諸外国に比べて食料輸入量が多いだけでなく、輸送距離も大幅に長い(表2)。

表2　各国のフード・マイレージの概要(2001年)

	単位	日本	韓国	アメリカ	イギリス	フランス	ドイツ
食料輸入量〔日本＝1〕	1000 t	58,469〔1.00〕	24,847〔0.42〕	45,979〔0.79〕	42,734〔0.73〕	29,004〔0.50〕	45,289〔0.77〕
人口1人あたり食料輸入量〔日本＝1〕	kg/人	461〔1.00〕	520〔1.13〕	163〔0.35〕	726〔1.58〕	483〔1.05〕	551〔1.20〕
平均輸送距離〔日本＝1〕	km	15,396〔1.00〕	12,765〔0.83〕	6,434〔0.42〕	4,399〔0.29〕	3,600〔0.23〕	3,792〔0.25〕
フード・マイレージ〔日本＝1〕	100万t・km	900,208〔1.00〕	317,169〔0.35〕	295,821〔0.33〕	187,986〔0.21〕	104,407〔0.12〕	171,751〔0.19〕
人口1人あたりフード・マイレージ〔日本＝1〕	t・km/人	7,093〔1.00〕	6,637〔0.94〕	1,051〔0.15〕	3,195〔0.45〕	1,738〔0.25〕	2,090〔0.29〕

(出典)中田哲也「食料の総輸入量・距離(フード・マイレージ)とその環境に及ぼす負荷に関する考察」『農林水産政策研究』第5号、2003年。

3　日本農業の社会的位置と課題

(1) 戦後の高度経済成長を支えた農業

農業を含む第一次産業の就業者の割合は、1950年の国勢調査以降、一貫して低下を続けている(図9)。2007年の農林水産業就業者割合は4.2%だ。農村の余剰人口は第二次産業と第三次産業に吸収され、第二次世界大戦後の経済復興に貢献した。

図9　産業別の就業者割合の推移

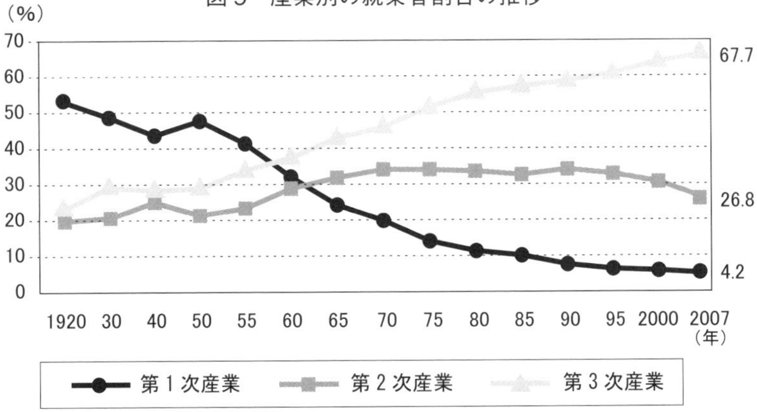

(出典)総務省統計局「労働力調査年報(基本集計)」、ほか。

(2) 農家の食卓自給率の低下

高度経済成長期に農村にも商品経済が浸透してくると、農家は増加する現金支出のために稼ぐことを迫られる。1950年には約7割あった農家の食卓自給率(農家の飲食費のうち、自家生産した農産物が占める金額の割合)は急速に低下し、95年は約1割にすぎない。

兼業農家は農外労働に忙しく、専業農家は販売用の単一または少品目の生産に集中しているため、自給用農産物を生産する余裕がない。現代の農家は都市住民と同じような生活を手に入れた代償として、気候や風土に適した旬の食べ物を自ら生産して新鮮なうちに食べるという、農の豊かさを享受できなくなっている。

(3) 狭い耕作面積と生産性の限界

日本は山がちで農業に適した土地が少ない一方、人口が多いため、国民１人あたりの農地面積は外国に比べてきわめて小さい。ドイツの約６分１、フランスの約14分の１、アメリカの約38分の１にすぎない(図10)。

図 10　各国の国民１人あたり農地面積の比較

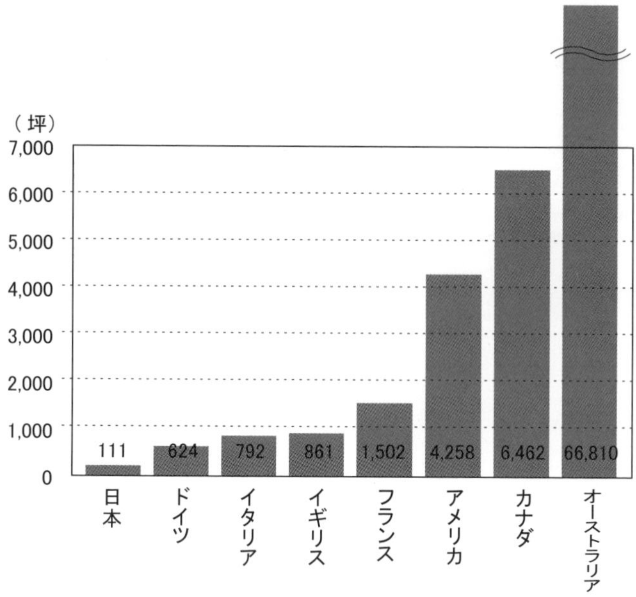

（出典）海外の数字は農林水産省「我が国の食料自給率―平成 17 年度 食料自給率レポート―」より作成。

農業が盛んなアメリカ、フランス、オーストラリアでも販売農業者の割合は１～２％と低く、日本と変わらない。これは、一般的には、規模拡大をすすめなければ他産業並みの所得を上げられないことを表している。だが、山林が多く地形が急峻な日本は、北海道を除けば規模拡大はむずかしい。

(4) 農業就業人口の減少と高齢化の進行

農家世帯員数、農業就業人口、基幹的農業従事者数(おもに農業に従事する人びと)は近年、一貫して減少傾向にあり、高齢化も急激に進行している(図11)。2009年の基幹的農業従事者は191万4000人で、前年より2.8%減少した。65歳以上が60.5%を占めている。

また、新規就農者は以前よりは増加したものの、農業就業人口の減少に歯止めをかけるほどではない(図12)。2007年は約7万3000人で、前年より約7600人(9.3%)減った。なお、非農家出身の新規参入者は約7400人である(うち雇用就農者が約5800人)。

図11 農家世帯員数、農業就業人口、基幹的農業従事者数などの動向(販売農家)

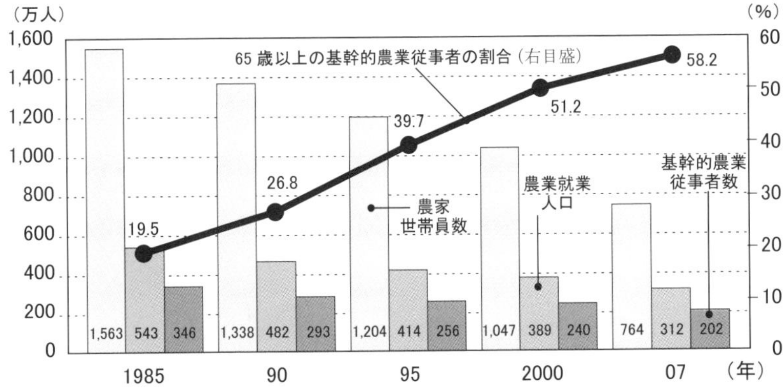

(出典)農林水産省「農業構造動態調査」「農林業センサス」。

図12 年齢別新規就農者の推移

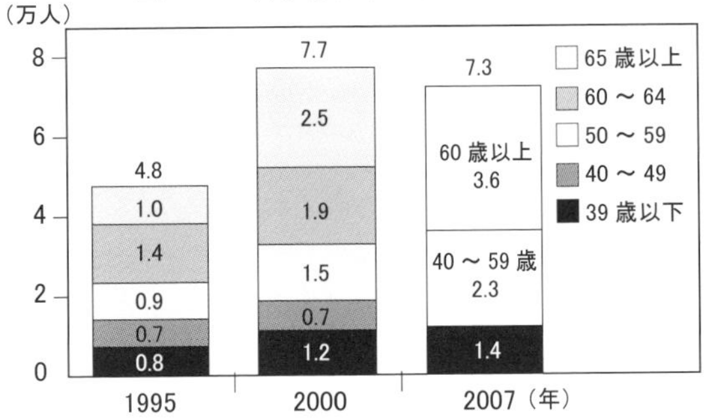

(出典)農林水産省「平成18年度 食料・農業・農村の動向」など。

(5) 危機に瀕する農業経営

1980年ごろまでは、農家は合理化によって継続的に生産性を高め、基幹的農産物である米の単位あたり粗収益や所得も高い伸びを維持してきた。しかし、90年ごろから米の収益性は低下の一途をたどり、2005年には10aあたり所得が4万円を割り込んだ。これはピーク時の半分以下であり、65年ごろと同じである。そして、農家1戸あたりの作付面積は、低下した収益性を補うほどには増加していない。

また、**図13**からわかるように、1990年ごろから2000年ごろにかけて農産物の販売価格を表す農産物価格指数が約15%も低下する一方で、農産物のコストを示す農業生産資材価格指数は燃料価格や飼料・肥料価格の上昇を背景に微増している。

このため、農業生産資材価格指数に対する農産物価格指数の割合である農業交易条件指数は、90年以降低下傾向にある。05年のそれは60年代なかばの水準であり、07年には前年に比べて8.2%も低下した。農業生産者の状況は、ますます厳しさを増しているのである。

図13 農業関連物価指数の推移

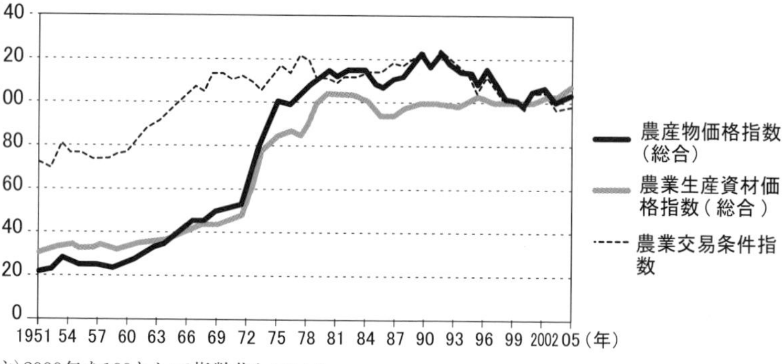

(注)2000年を100として指数化している。
(出典)農林水産省統計部「平成17年農業物価統計」および農林水産省発表をもとに作成。

(6) 衰退がすすむ中山間地域農業

日本の農地は「都市的地域」「平地農業地域」「中間農業地域」「山間農業地域」の4つに区分される。このうち、傾斜度や林野率が高いなど農業を行うにあたって条件の悪い中間農業地域と山間農業地域は、まとめて「中山間地域」と呼ばれる。日本は山がちで地形的にも急峻なところが多いため、中山間地域の割合が高い。

こうした地域の農地では、大きな機械を使った農作業の効率化や規模拡大がむずかしい。また、交通の便が悪い、公共サービスが行き届かないなど不便な点が多いため、人口減少がすすみ、高齢者率は全国平均より８％高い。それを反映して、とくに1995年以降、耕作放棄地が急増している(図14)。

だが、中山間地域は農業就業人口、農業算出額、耕地面積において日本農業全体の４割前後を占める重要な存在である。とりわけ、水源涵養、洪水の防止、土壌の浸食や崩壊の防止といった農業の多面的機能を維持するには欠かせない。

したがって、中山間地域の衰退に歯止めをかけることは日本農業を維持していくうえで重要な課題である。2000年から「中山間地域等直接支払制度」が始まり、対象となる農地で継続的に農業生産を行う農家に交付金(補助金)が支給されている。

図 14　耕作放棄地率の推移

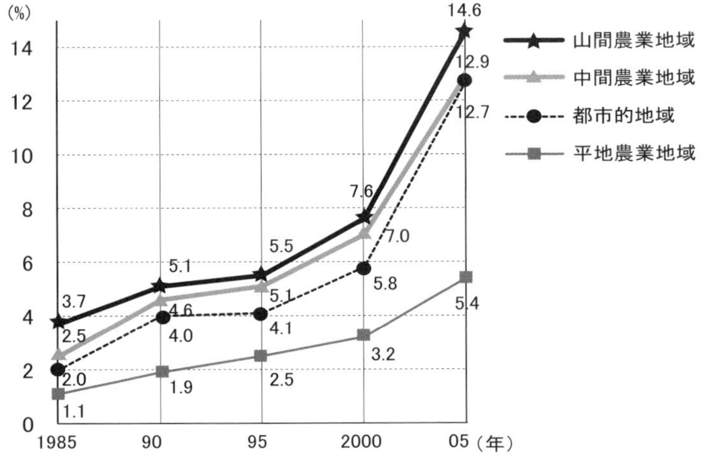

(注1)耕作放棄地とは、調査日以前１年以上作付けせず、今後数年間の間に再び耕作する意思のない土地である。

(注2)耕作放棄地率＝耕作放棄地面積/(経営耕地面積＋耕作放棄地面積)×100。

(出典)農林水産省「農林業センサス」。

エピローグ

種採りのロマン

●岩崎 正利

手のひらから畑への広がり

毎年冬になると、野菜を収穫しながら気に入ったものを選んで、種採り用に定植していきます。そして、春の訪れとともに一つひとつに美しい花が咲き始めると、これがあの野菜の花なのかと思うほど、美しいのです。たとえば平家かぶ菜の花は、本当に誇らしげに大きく生育して、いっぱいに黄色い花を咲かせます。葉の部分を食べるこの在来種の野菜はいまにもなくなろうとしていますが、何とか種は守っていきたいと、種を増やすことから始めました。

徳島地方に残っている種をいただきましたが、宮崎県の椎葉《しいば》村にいまも自然に生育していると雑誌に載っていました。まさに名前のとおり、源氏に追われながら四国へ、そして九州へと、この種とともに渡った平家の落人物語が、種に詰まって伝わってくるような想いです。生育している姿には、生命力があふれています。

在来種の野菜であっても、私の畑の中で本来の力を発揮してくれるまでには時間がかかりますね。5年ぐらいでしょうか。いろいろな野菜の花を見てきたなかで、生命力ある在来種の花は、実に美しいと感じます。乱れがないというか、バランスが整っているというか、花が周囲の自然によく合う美しさかなぁ。

私は長いあいだ、収穫間際の野菜が美しいと思ってきました。しかし、いろいろな種を採るなかで、いまでは花の瞬間こそが美しいと感じています。野菜の本当の姿とは、生育しているときではなく、花を咲かせたときなんですね。私は、野菜農家としていちばん大切なことを知らずにいたと感じています。

花が咲くと、蝶やみつばちなどの虫が寄ってくるし、自然の風も吹きます。そうした周囲の助けを借りながら、種が実っていきます。もちろん、生産者も虫たちといっしょになって、次世代の種を作っていくのです。
その美しい花もやがて莢《さや》になると、今度は醜い姿に変わります。まさに、枯れ果てて大往生していく姿です。その姿を見ると、野菜たちが次の世代となる種を精いっぱい生きて支え、一生を全《まっと》うし、枯れ果てていこうとする、花の美しさとは別の意味の、野菜の本当の美しさを感じます。私はそれを野菜から教えてもらいました。
たとえば人参は、元の姿を想像できないような、少しの風にも倒れてしまいそうな姿になっています。引き抜いてみると、根はまったくなくなっていますが、私の目で選び抜いた人参は、自らの種を精いっぱいに高く支えてがんばって、いのちの伝承を表現しているようです。その莢を見ていると、「ここまで育ててくれてありがとう、この種子を頼みますよ」と言われている気持ちになります。
そんな枯れ果てた野菜を手で取って、種をあやしていきます。私の農園にとって、種をあやすということは、種を枯れ果てた野菜から取り出していくこと。そのあやし方は、野菜によって実にさまざまです。
アブラナ科の種は、枯れ果てた莢を左手で抱いて、右手で莢をさわりながらあやしていきます。莢が乾燥していれば、下に置いたござやシートにパラパラと種がたまっていきます。まるで、子どもをあやしている感じです。最初は種に莢が交じり合っていますが、両手で持ち上げては少しずつ莢やくずを種から飛ばして振り分けていくと、どんどん少なくなって、本当に小さな種だけになっていきます。
いんげんやスナックえんどうは、株ごと収穫し、乾燥して保存しておき、天気のよい日にござの上に広げて、莢を棒などでたたきます。けっこうエネルギーがいる作業です。たたくと莢が割れて、種があちこちに跳ね上がるぐらいの乾燥具合がいいですね。たたき終わったら、少し強めの風で風選を繰り返し、そのたびにどんどん少なくなっていきます。最後は、質の悪い種を一つひとつ取り除いて仕上げます。

いちばん手間がかかる種採りは人参です。鞘をていねいに収穫して、しばらく乾燥してから、やさしく両手であやします。何度も両手でもみほぐしていくと、そのたびに少なくなります。とても小さな種を最後にやさしい風であやすと、10aの人参が、また両手いっぱいに帰ってくるのです。

種のネットワーク運動

私は長年、２つの種のネットワーク運動に携わり、年５回の種苗交換会に参加してきました。それは、きちんとした種苗交換会が種の自給に欠かせないし、種の自給は安全な食べ物を生産する出発点だと考えているからです。

種は自分のものではなくみんなのものだ、と頭では理解していても、よい種に出合えば、「自分だけのものにしたい」という気持ちが誰でも起きます。でも、一人だけで作っていたら、その種はやがて絶える可能性が強いでしょう。次の世代のためにも、絶やさないような努力が必要です。そのとき、種苗ネットワークが大きな役割を果たします。

種のネットワーク運動に携わっている私の農園には、人の想いがいっぱいに詰まった種が、いろいろなところから集まってきています。その種の一つひとつに、それぞれ物語があるのです。

最近は伝統野菜の人気が高まっています。なかでも、とりわけほしいと言われるのが、農家が代々守り続けてきた門外不出の種です。たとえば京都には、京野菜として農家が家宝のように守ってきた大切な種がいまも残っています。そうした大切な種を簡単に「分けてください」とは言えません。それでも、私の農園には、壬生菜《みぶな》・畑菜《はたけな》・赤大根などが集まってきました。これらの素晴らしい種で野菜を栽培できることに、感動さえ覚えます。

遠く外国からやって来て風土の違いにとまどいながらも、私の畑の風土や農園になじんでいこうとしている少し寂しがりやの種たちは、生まれ育ったふるさとに帰りたいのかなぁ。人間で言えば、まだ留学生なんですね。中国や韓国からやって来たチンゲン菜・紅芯《こうしん》大根・ターツァイ・キムチ用の大根・野菜エゴマ・キムチ用の白菜、オーストラリアからやって来たロマネスク(カリフラワーの仲間)、イタリアの紫カリフラワー、アメリカの縞トマト・黄色ピーマン、ブラジルの青ナスなどです。

いま私がいちばん大切にしている種は、見向きもされずに消えようとしている在来種や固定種、そして山奥でひっそりと守られながら出番を待っている幻の種です。たとえば、福たち菜や平家かぶ菜があります。

さらに、これから見つけ出していきたいのが、隣のおじいちゃんやおばあちゃんたちが小さな家庭菜園で育てて食べ続けていた、何げない、さりげない種です。それらは、すぐに世には出せないほど多様性がある、バラバラな種かもしれません。でも、守っていかないと絶えてしまう可能性がとても大きいからです。

少し前に野口種苗研究所(埼玉県飯能市)から私の農園にやって来たみやま小かぶの種は、山の土手で種採りしました。さまざまに交雑しているので、播いて育てたなかから異交雑のかぶを抜いて選抜しています。みやま小かぶは昔とても人気があったと聞いていますが、いまでは種を採っている人がたった一人になってしまったそうです。それを聞いて、私も守っていきたいと感じて種を採り始めました。

物語のある種、人の想いがいっぱいに詰まった種は、やはりいいですね。想いを形にできる農が始まる感じがします。物語がある種を作っていきたいし、守り伝えていきたいですね。

自ら種を採る意味

種を採り、守っていくという作業は、実際にはたいへんです。とはいえ、私は種を採って野菜を育てることで、野菜への想いが深くなりました。とりわけ、種から始まって、収穫し、花が咲き、再び種に至るという野菜の一生を見ていくことで、いままで見えなかった個性や特性、そして少々の欠点などが感じられるようになりました。

大根の仲間は年々増えて、困ってしまうほどです。青首大根の場合は、ずらりと並べて長さと太さが中間のタイプを選んで、次々に定植します。前年のこぼれ種から発芽して生育したものも、いっしょに植えています。少し荒っぽくなり、以前にまして生命力がついてきた感じです。ようやく、自分がめざしていた青首大根に近くなってきました。選抜を続けて10年経ち、Ｆ１でありながら、私の大根になってきたみたいですね。

カボチャは輪切りにして中のワタといっしょに種を取り出し、まずよく水洗い。種がきれいになったら、すぐに干していきます。カボチャの種は水に沈まないので、水による選抜ができません。乾燥後に少し強い風で風選して未熟な種を飛ばし、あとは手で１粒ずつ選別していきます。我が家では、地カボチャに赤皮カボチャ、さらに鶴首カボチャも仲間入りして、種類が次々と増えました。カボチャの仲間は、ほかのカボチャと交雑しやすい性質があるので、種採りは１年交代にして、種を守っていこうと思っています。

トマトは収穫してしばらく追熟させ、バケツの中でつぶしたら、そのままにしておきます。そして、発酵させて種についているぬめりがなくなってから、水洗いを繰り返すのです。最後は、水の中に沈んだ種を残して乾燥させます。

種採りを始めたころは、種採り用の株にもたくさんの有機物を与えていました。すると、非常に大きな姿になって、たくさんの花を咲かせ、たくさんの種をつけようとします。ところが、ほとんどの場合、その時期からアブラムシなどの害虫や病気が発生したり、種まで食べる害虫が発生したり、強い風によって倒されたりして、結局は種が採れません。おまけに、発芽力が弱まってしまいました。

種採りのために多くの有機物を与えると、野菜の能力を引き出せなくなることが多いのです。自然な農法に向いた種採りは、自然な無肥料に近い姿のなかで作りだしていくことだと、このごろ強く思っています。

種の多様性

12月になると、野菜たちは次々に収穫のときを迎えます。この時期は、私の種の自然農園でいちばん大切な種採り用の母本を選抜するときです。

五寸人参は、収穫しながら種採り用の母本——私が一目ぼれした人参たち——を選んでいきます。土から引き抜いた瞬間、最初に感じる根の鮮やかさ、お尻の丸さ、肥大性、全体的な形など、いろいろな側面から選んでいくのです。選んだ人参は、しばらく土の中に伏せたり、冷蔵庫に保管したりして、数に達すれば別の場所に定植します。

以前は、引き抜いた瞬間にすらりとしている、100本に１本とか20本に１本しかない素晴らしい人参を、厳しく選抜していました。しかし、自然界はそんな勝手な完全主義を許してはくれません。最初の10年間、「素晴らしい人参を作りたい、素晴らしい人参の種を作りたい」と自分なりに選抜を続けていくうちに、年々種が採れなくなりました。しかも、自分の思いとは別に、人参の生命力も弱くなっていると感じたのです。自分だけがよい人参をつくろうと思っても、自然界はそうはいかない。もっと人参の立場になって育成するべきだと知りました。

この経験をとおして、自家採種を続けていくなかでもっとも大切なのは、ある程度の多様性を保ちながらの選抜・採種だと感じました。多様性を保つということは、厳しい選抜をして純粋にしていかないことを意味します。なるべくたくさんの株から種を採っていくことが、種の多様性を守るためにとても大切です。

それは、個性豊かな姿のものも仲間に入れて、多様性を保つ選抜を繰り返していくという、誰でもできる種採りであり、自家採取が楽になっていくことでもありました。そうした種採りの繰り返しのなかで、その作物の個性をだんだんに知り、種採りから野菜の顔が見えるようになっていきます。

種採りのときに違った姿の１株があれば、「ああ、これは自然が自分に与えたものだ」と思い、それを増やしていきました。選抜する目は人によって違います。当初は同じ種であっても、種採りする人によって年々と違っていくのが、自家採種のよさではないでしょうか。その種を育成した人が、その種をもっとも活かすことができるのです。

最近のＦ１交配種は、驚くほど収量が多くて、見栄えがよく、形もよくそろっています。ところが、収穫期が一気に訪れ、とまどうことも多いのです。それに比べて多様性が豊かな在来種・固定種は、決して収量が多いとは言えません。そろいもあまりよくはないし、収穫がぼちぼちと続きます。しかし、生命力があふれている野菜がとても多く、異常気象などに対しては安定していると感じています。

種採りが生み出すもの

どんなに作物の栽培技術を習得しても、種を自分で育成しなければ、その作物の個性を知って活かすことはできません。種採りから始める野菜作りは、野菜と会話ができ、想いが形にできる農業だと信じています。農業にこうした姿があるなんて、私は種採りを始めるまで知りませんでした。

種が繰り返し繰り返し私の農園で新しいいのちを受けるたびに、その風土に合ったいのち豊かな姿に変わっていきます。そうして生まれた種をあやし、野菜の花と語るなかで、心をときめかされ、感動する。そして、心から感動した気持ちを農業の場でどう表現できるか。それが私にとっていちばん大切な「農法」だったことに、つい最近になって気づきました。いまも、野菜の花にたくさんのことを教えてもらっています。

種を採り続け、その種が次世代に受け継がれていったとき、やがて地域の豊かな特産品になる可能性があります。最初はなにげなく採り始めた野菜が、次世代の地域の特産につながるかもしれない。種採りには、とてもロマンがあります。最後に、種採りから生まれた特産を紹介しましょう。

茎の部分に親指大のこぶができる雲仙こぶ高菜は、私が暮らす吾妻《あづま》町(現在は雲仙市)でかつてたくさん作られていた野菜です。この野菜を特産にしようと思って、農業経済課の方といっしょに、もっとも原種に近い種を探していました。

最初に原種の栽培を始めたのは、隣の部落で種苗店を営まれていた故・峰眞直《すなお》さんです。峰さんの畑に行ってみると、周囲に何本か、ほぼ原種に近い姿をした雲仙こぶ高菜が見つかりました。畑はていねいに管理されています。そこで、種を残されているのではと思い、お宅にうかがいました。奥さんの話によると、戦争が終わったとき、峰さんのお父さんが中国から日本に持ち帰り、お父さんとお母さんがその種を生産して、日本中に向けて販売されていたとのこと。奥さんがお父さんの想いを大切にして、いまでもこの種を守っておられたのです。

私が農業高校を卒業したころ、峰さんに何回も畑に連れて行かれて、この原種の姿を教えられていたのですが、当時はあまり関心がなく、聞き流していました。いま、峰さんの奥さんが守っておられた種を頭に残っている原種の姿に少しずつ近づけようと、選抜を繰り返しています。

その後、雲仙こぶ高菜はスローフードジャパンの「味の箱舟」にも認定されました。現在はＪＡ島原雲仙の守山加工組合で商品開発を行い、特産品として販売されています。

種を採り続けて、その種が地域で10年、20年と育てられれば、風土になじみ、風土に根づいた種に変化していきます。その野菜は伝統野菜として地域の豊かな特産品になり、地域の食も豊かにしていくのです。

あとがき

日本社会が高度経済成長を経て、物質的に豊かになるとともに、自然にも、人間にも、地域にも、多くの問題が生じてきました。一方で、ポスト産業社会のあり方を示すさまざまな試みも広がりつつあり、そこには今後の私たちが生きる目標や術へのヒントが見られます。

現代人の心について適切なコメントを書き続けている香山リカさんの最新の本『しがみつかない生き方』(幻冬舎、2009年)に、こんな気になる表現がありました。

「公的サービスに頼らなくても、どうにもならなくなった人をどうにかするというゆるやかな助け合いのシステムが、かつての社会には存在していた／高望みはしない。ごく当たり前の幸せがほしいだけ。戦時下でもないのに、そんな望みもかなえられない社会が、有史以来、ほかにあっただろうか／いったいいつから、生きることがこんなに大変なことになってしまったのだろうか」

これは言葉を変えると、自然から離れ、人間的な類的かかわりから遠ざかった人間の、危機的な姿かもしれません。それは、私たちと現代の農や食のあり方にも無関係ではないでしょう。

急速に変化しつつある社会のなかで、改めて何が大事で、新しい時代を引っ張るどんな考え方や取り組みがあるのかを、私たちは本書で具体的に示そうとしました。

なかでも画期的な提案は、農業などに１年間従事する社会奉仕年の導入です。一見、荒唐無稽に思われるかもしれませんが、農業の人材育成への可能性は「体験型食農教育を小・中学校の基本カリキュラムに組み入れる」という提案に示されている具体案に十分に見て取れます。香山さんが述べている現代人の心の問題の一部が、自然から離れすぎ、依拠すべき仲間(共同体)を失ったことにあるとすれば、この提案がいかに大事であるかは自明でしょう。

本書の第二の特徴は、作業者としての農業者ではなく、生きる主体としての農者に焦点があてられていることです。すべての著者と登場人物が熱い想いをもって農の将来を心配し、農の可能性を語っています。儲かるか儲からないかではなく、さまざまなレベルで経済的に成り立つ、言い換えれば再生産できる、多様で持続可能な農の態様がみてとれるでしょう。同時に、それを支えるのは基盤や技術のみでなく、困難な状況を切り拓く農への感動や協働であるという事実も、ぜひ知ってほしいと思います。

第三の特徴は、機能的・分断的な農業や食ではなく、人間としてのトータルな農業者・生活者としての側面を重視していることです。機能分化し、すべてを分節化して発展してきた近代社会は、人と農業(自然)とのトータルなかかわり方やお金では計れない「めぐみ」を矮小化し、結果として人びとが農へかかわる意欲を減退させました。この点は、とくに宇根豊の論述からよく理解できるはずです。

ピーター D. ピーダーセンは第2章で、20世紀後半の日本の根源的な問題として、3つの喪失(生産者と生活者の関係性、食における自然、食における自律性)を指摘しました。そのとおりですが、第1章で取り上げたほぼすべての事例では、生産者と生活者の関係性、旬や地産地食、身土不二など食と自然との関係性、可能なかぎりの食の自律性をみごとに取り戻しています。

また、第1章ではあまり明確にふれられていませんが、登場した多くの人びとや集団組織は、地域農業の衰退が叫ばれるなかで、それぞれ全国的なネットワークにかかわってきました。そして、お互いに支え合い、勇気づけ合って、豊かな類的つながりを築き上げ、さまざまな関係性を大事にしながら、新しい地平を切り拓いています。

「関係性の実践農学」ともいうべき、こうした新たな知行合一から何を学ぶかは、読者のみなさんしだいです。

なお、本書は木内孝・石黒功・大江正章の３氏を中心に内容・構成が検討され、まとめられました。第１章の事例の選択や第３章の提案者は、大江氏を中心に執筆者との相談ですすめられたものです。執筆者はもとより、この３氏の本書への情熱と貢献がとくに大きいことを記しておきたいと思います。また、第２章〜第４章は、「本来農業への道――持続可能な社会に向けた農業の役割に関する報告および提言書」(2007年12月)をベースにしました。ただし、第３章は大幅に加筆しています。

また、出版にあたってはイシグログループから助成金をいただきました。深く感謝いたします。

2009年８月25日

大原興太郎

＊撮影者・提供者の表記がない写真は、執筆者の撮影です。
＊第１章２「自治体発のゆうき・げんき正直農業」は、大江正章「まちづくりのキーワードは『農』と『環境』」(『時事トップ・コンフィデンシャル』2009年２月13日号)、エピローグ「種採りのロマン」は、岩崎正利「種採りは自給の出発点」(中島紀一編著『いのちと農の論理――地域に広がる有機農業』コモンズ、2006年)をもとに、加筆・修正しました。

一般社団法人本来農業ネットワークの活動について

代表理事　石黒　功

生命《いのち》を育む食料を生産する農業はいま、世界的に危機的な状況にあります。とくに、日本の食料自給率は下降の一途をたどり、41％と先進国中最低です。しかも、農業者の60％以上が65歳を超え、耕作放棄地は増加し続けています。日本の農業は存亡の危機に立たされていると言っても、過言ではありません。

私たちはそうした現状を変え、本来の持続可能な農業を取り戻すために、農業に関連する各界の代表的な方々にお集まりいただき、2006年12月に「持続可能な農業に関する調査委員会」(祖田修委員長)を結成。研究会や多くの有識者へのアンケートをベースに、07年12月に、「本来農業への道――持続可能な社会に向けた農業の役割に関する報告および提言書」を発刊しました。

本来農業ネットワークの目的は、この「本来農業への道」で提起し、本書で内容をより具体化した「本来農業を実現するための10の提言」(本書では「農を大切にする日本に変える10の提言)の研究と実践です。08 年4月の発刊記念シンポジウム(東京都渋谷区)を皮切りに、愛知県田原市、熊本県人吉市、東京都中央区で、本来農業をテーマにしたシンポジウムやフォーラムを行ってきました。また、内閣府が公募した「平成21年度地方の元気再生事業」に、本来農業ネットワークが申請した「真の農業大国へ！『穂の国から近未来農業発信』」が選定されました(http://www.kantei.go.jp/jp/singi/tiiki/siryou/pdf/090630hokuchu.pdf)。さらに、「本来農業への道」は中国社会科学院の金周英教授のご尽力によって中国語版が出版されています。

今後、本書の提言をもとに、本来農業の発展に寄与し、持続可能な社会を創るべく、努力を続けていく所存です。皆様方のご支援ご鞭撻を心からお願い申しあげます。

一般社団法人本来農業ネットワーク 事務局

〒441-3427　愛知県田原市加治町諸田 52(イシグロ農材㈱内)
http://sas2007.jp　　mail:info@sas2007.jp

【著者紹介】(執筆順)

木《き》内《うち》　孝《たかし》　1935年生　NPO法人フューチャー500理事長

田《た》中《なか》　進《すすむ》　1972年生　サラダボウル代表

瀧《たき》井《い》宏《ひろ》臣《おみ》　1958年生　ルポライター

吉《よし》野《の》隆《たか》子《こ》　1956年生　NPO法人全国有機農業推進協議会理事

山《やま》口《ぐち》一《かず》彦《ひこ》　1957年生　ベルグアース社長

榊田《さかきだ》みどり　1960年生　農業ジャーナリスト

宇《う》根《ね》　豊《ゆたか》　1950年生　NPO法人農と自然の研究所代表

中《なか》村《むら》数《かず》子《こ》　1963年生　フリーライター・編集者

大《おお》江《え》正《ただ》章《あき》　1957年生　コモンズ代表

新《にっ》田《た》穂《ほ》高《たか》　1963年生　フリーライター

澤《さわ》登《のぼり》早《さ》苗《なえ》　1959年生　恵泉女学園大学・大学院准教授

塩《しお》見《み》直《なお》紀《き》　1965年生　半農半X研究所代表

ピーター D.ピーダーセン　1968年生　イースクエア社長

大《おお》原《はら》興《こう》太《た》郎《ろう》　1944年生　三重スローライフ協会理事長

古《ふる》沢《さわ》広《こう》祐《ゆう》　1950年生　国学院大学教授

石《いし》黒《ぐろ》　功《いさお》　1952年生　イシグログループ代表

本《もと》野《の》一《いち》郎《ろう》　1947年生　NPO法人兵庫県有機農業研究会理事長

岩《いわ》崎《さき》正《まさ》利《とし》　1950年生　農業

本来農業宣言

2009年10月1日・初版発行

著　者・宇根豊・木内孝ほか

発行者・大江正章

発行所・コモンズ

東京都新宿区下落合1-5-10-1002

TEL03-5386-6972 FAX03-5386-6945

振替　00110-5-400120

info@commonsonline.co.jp

http://www.commonsonline.co.jp/

印刷/東京創文社　製本/東京美術紙工

乱丁・落丁はお取り替えいたします。

ISBN 978-4-86187-064-4 C0061